室内设计创意配色手册

LIVING
WITH
COLOR

Inspiration and How-Tos
to Brighten Up Your Home

［美国］丽贝卡·阿特伍德　著

王明肖　刘天怡　译

涂　俊　审校

江苏凤凰科学技术出版社

南　京

江苏省版权局著作权合同登记章字: 10-2020-293 号

This translation published by arrangement with Clarkson Potter/Publishers, an imprint of Random House, a division of Penguin Random House LLC.

图书在版编目（CIP）数据

室内设计创意配色手册 / (美) 丽贝卡·阿特伍德著; 王明肖, 刘天怡译. —— 南京 : 江苏凤凰科学技术出版社, 2021.1
ISBN 978-7-5713-1681-5

Ⅰ.①室… Ⅱ.①丽…②王…③刘… Ⅲ.①室内装饰设计 – 配色 – 手册 Ⅳ.①TU238.23-62

中国版本图书馆CIP数据核字(2021)第002201号

室内设计创意配色手册

著　　　者	[美国] 丽贝卡·阿特伍德
译　　　者	王明肖　刘天怡
审　　　校	涂　俊
项 目 策 划	凤凰空间/周明艳
责 任 编 辑	赵　研　刘屹立
特 约 编 辑	周明艳

出 版 发 行	江苏凤凰科学技术出版社
出版社地址	南京市湖南路1号A楼，邮编：210009
出版社网址	http://www.pspress.cn
总 经 销	天津凤凰空间文化传媒有限公司
总经销网址	http://www.ifengspace.cn
印　　刷	广州市番禺艺彩印刷联合有限公司

开　　　本	889 mm×1 194 mm　1/24
印　　　张	11
字　　　数	211 200
版　　　次	2021年1月第1版
印　　　次	2021年1月第1次印刷

标 准 书 号	ISBN 978-7-5713-1681-5
定　　　价	188.00元（精）

图书如有印装质量问题，可随时向销售部调换（电话：022-87893668）。

谨以此书献给我的女儿佐伊，
愿色彩与你同行。

前言

色彩之我谈

我和色彩有着不解之缘，自幼幸得父母引导，得以踏上追寻艺术之路。尤记得5岁那年，莫奈与雷诺阿的书籍常在身旁，而最初的绘画记忆则与我的两位姐姐有关。我们会趴在地板上，涂涂画画几个小时，那时候，阳光透过高挑的玻璃门，从身边的巨幅画纸上一路流淌，洒在一支支蜡笔、铅笔和水彩笔上。一次，爷爷送给我们一套专业的派通记号笔，和我们之前所用的单色彩笔相比，它的色彩更加丰富，如同小盒子里盛装着大彩虹。这些笔"躺"在金色的盒子里，已然成为美丽的化身；而它最令人心驰神往之处，在于对同一色彩的不同演绎——深蓝色与浅蓝色，正红色与酒红色。彩笔的出现极大地丰富了我的调色板，它们同指尖的诸多画笔一起，令我对色彩愈加着迷。

随着年岁逐渐增长，我和色彩的故事也徐徐展开。科德角（位于美国马萨诸塞州）见证了我的成长，淡季时的海滩令我魂牵梦萦：那会是一年中最为恬静安宁的日子，自然风景怀抱着独有的柔和色调，自平凡中脱颖而出。也就是在这里，我领略到了中性色之美，那绝非古板呆滞的低饱和度灰色或褐色，而是缤纷多彩的中性色调，我将在书中为你一一道来。

科德角是如此的安详宁静，光影交叠之间，极富动感张力，引得无数艺术家慕名而来。一天之中，沙滩会从柔和的淡焦糖色过渡到正午的亮奶油色，又在日落时分化为典雅而浓烈的淡粉红色。在多姿多彩的沙滩之上，在森罗万象的自然之中，不论是天空、大海，还是远处的林间、田野，都蕴藏着无穷无尽的色彩。色调变化万千，光线或弱或强，勾勒出风采迥异的景致。往沙滩上一坐，我便沉醉在这些变幻之中，看潮起潮落，听浪奔浪涌，探求着天空和海水在地平线上相遇的前世今生。如此沉稳冷静而又斑斓多姿的世界，便是我的梦中之国。

时光如白驹过隙，童年时的涂涂写写随后让位于绘画和手作。绘画成为我最强有力的表达方式，正是通过绘画，我学会了理解色彩。如今，我意识到，我始终在尽力执笔作画，描绘我所见之美——自然之瑰丽，生活之芳菲。

在中学时期，我报名参加过一次水彩课程。为上课做准备时，得知需要按照购物清单购买常用单色，我们便买了深红色和浅红色，以及赭黄色、赭褐色等中性色。还记得当时我在想："既然有了蓝色和黄色，谁还会要这些平淡无奇的色彩呢？"但正是通过这门课的学习，以及随后的诸多艺术课程的熏陶，我懂得了一点：这些泥土般的色彩，正是模仿自然世界、调和诸多色调的基础所在。有人告诉我，当你执笔描绘风景、刻画静物时，便是在斟酌光影、勾勒描摹，以求定格特定时刻，留驻别样时光。这种观点也影响了我对色彩感知、艺术欣赏以及设计构思的方式。

这些理念让我乐而忘倦，心醉神迷，以至于到大学里学习美术是件自然而然的事情，因此高中毕业后，我顺理成章地进入罗德岛设计学院，主修绘画专业。尽管当时的自己也曾举棋不定，想着或许我应该学习一些更加"实用"的课程，例如工商管理，但我相信，我能将艺术带入生活。时间慢慢过去，我逐渐领悟到：房屋和家居用品的设计与风景画的创作如出一辙。有了房间，我们就能够自无形中生发有形；我们要清楚地知道，究竟该用什么色彩来表达想要的感觉，这如同绘画中的色彩构成一样，中性色将成为配色的基础。

从罗德岛设计学院毕业以后，我开始为不同的公司设计产品。但是随着时间的推移，我愈加渴望为家居生活创造艺术与美感，再为它涂上适宜的色彩，就如同童年光景的重现。我希望能够做出捕捉柔美海角的调色板来，让顾客将天然之美带回自己家中。我相信，设计理应张扬个性，别具一格，而我也喜欢亲身参与，投入其中。回顾个人经历，收集色彩灵感，专注创作过程，构思别样作品，无数个日夜的心血凝结于此。我想创造的是家居用品，而非潮流商品。这些用品本身各具雅致，可单独摆放，亦可搭配使用。我孜孜不倦地钻研着色彩，从未停止对自然和艺术的学习。在这本书里，我将分享我所知晓的一切。

关于本书

色彩是变化的，需灵活运用。在第一部分"理解色彩"中，我主张在决定家居选用色彩之前，重要的是要先了解色彩的原理，因此我将从科学的视角向你介绍色彩的世界。色彩是不断变化的，我们或多或少都有所觉察。这也是色彩易于理解，并与情感密切相关的原因所在。第一部分还展示了色彩之间的相互作用，以及色彩让我们感到凉爽或者温暖的原因。在这部分，我们将思考你希望家里的不同房间表现怎样的氛围，为什么有的房间会让人感到舒适平静，这背后都有着令人着迷的科学依据。

若能了解色彩并非永恒不变的，相信你可以触类旁通，理解色彩应季节而换、随时间更迭的道理。在第二部分"感知色彩"中，我们将一同探索色彩之间的联系，以及色彩和感官之间的关系。色彩由内而外，喷薄而出——甚至可以品尝、触摸、嗅闻。在这个部分，思想随色彩自由徜徉，唇舌随意品评鉴赏，天马行空、自由联想的色彩世界向你徐徐走来。

在第三部分"邂逅色彩"中，我会与大家分享我的个人色彩记忆，诚邀你在"彩虹河"中徜徉沐浴，沉浸于每种色彩的丰富历史之中，并与其他色彩自由搭配。结尾处，我会给出一些严谨考据、体贴入微的建议，帮助大家将不同的色彩融入家居生活。

在第四部分"融合色彩"中，我们将在色彩世界遨游。我会带你走进艺术家朋友们的家中，看看那些生活在色彩斑斓之中的家庭，感知他们的色彩生活，学习他们使用色彩的惊人手法，从中性色到明亮色彩，考量他们如何搭配色彩，并使之灵动多样，氛围活跃。

最后，我们回归到个人层面，与色彩互动。色彩和它蕴含的意义十分复杂，令人兴奋着迷。在第五部分"追寻色彩"中，我希望大家灵活运用所学知识、个性的探索经历和灵感，创造独一无二的色彩搭配，并讲述专属于自己的色彩故事。在本书的最后几页，我们将探索令人心驰神往的环境。我们将潜入你的色彩记忆，在你的色彩世界里畅游。让我们睁大双眼，寻觅色彩足迹，并重新审视整个世界，自平凡中发现非凡，挖掘色彩的无限可能。即使是晨间通勤时的匆匆一瞥，也会令人倍感欣慰：不论看到邻家草坪的绿意美景，还是人行道旁的灰度变化，都将让你神清气爽、活力澎湃。

魔力色彩

当你睁开双眼，看到周围的色彩时，会意识到：色彩是生活的一部分。直至现在，我依然觉得色彩有着不可言说的魔力。前些时日，我去拜访亚特兰大的画家朋友米歇尔·阿玛斯（Michelle Armas），我对她工作室中的两幅油画一见钟情，它们充盈着美妙多姿的绿意色彩，散发着淡雅清香的丁香气息。这不禁让我联想起童年时候，家门口树下的夏日黄昏。这种情感如潮水般在胸中涌动，我们都笑着说，这就是具象化的色彩吸引力。"色彩即为实体！"我们叫喊道。当我看到外面世界的光线以梦幻般的方式照射进来时，我仍会感觉心潮澎湃（就像电影制作中的"奇妙时刻"）。色彩会让一成不变的通勤之路变得趣味盎然。随着光影变化，同一条路却永不相同。我住在纽约州的布鲁克林，大西洋大道上有一座塔楼，它就是最好的例子。塔楼本身是灰褐色的，看起来中规中矩、平淡无奇，但在某一时刻，它却散发出一种缥缈出尘的粉色，在蓝天的映衬之下，显得空灵梦幻。如果你探索出使用、分离和掌握色彩的方法，就可以创造出令人叹为观止的配色方案来。色彩能使人焕发活力，宛若新生，希望你读完本书，也能与我产生共鸣。

用色彩装点生活，正如同儿时用色彩点染纸张一样，轻松愉快，简单易行。营造空间氛围，这听上去像是天方夜谭，尤其还涉及色彩搭配与取舍的问题，但我们要学会相信直觉，运用直觉。当我想在空间中添加色彩时，我会想：粉红色的铅笔会带来落日般的柔美与朦胧，而同色调的记号笔给人的感觉则像母亲花园里含着露水的花朵一样，明艳娇丽，晶莹闪亮。我享受色彩带来的愉悦，回味色彩的记忆，并将其转化为富有灵气、美丽动人、真实存在的空间氛围。

但愿你在寥寥几页的阅读之后，便能知晓：色彩绝非一成不变、严肃教条的实体，而是一种变化万千、生机盎然的光影。想象一下电影《绿野仙踪》中的场景：多萝西打开梦想之门，走出黑白分明的小小世界，走进秀色可餐、活泼灵动的彩色国度。让我带你寻回采撷花朵的乐趣，重现指尖绘画的自由，并将你的个人色彩故事编织到家居生活中，让色彩故事绵延不绝，与家居生活无缝衔接。我已经迫不及待，真希望即刻启程！

欢迎来到色彩的世界！

CONTENTS
目录

UNDER-STANDING COLOR

1   理解色彩

何为色彩

电磁波谱

小时候，我总喜欢在暴风雨后寻找彩虹的踪影。对我来说，彩虹的出现宛若童话一般。我虽然不清楚彩虹究竟是什么，但始终觉得它与众不同。

为了合理准确地运用色彩，使色彩与家居相得益彰，我们必须充分了解色彩。色彩是真实的吗？抑或仅是一种感知？这取决于你对"真实"的定义。正如彩虹一样，色彩本身不是实体，而是光的一种物理属性。每种颜色沿着不同波长的光进行传播，组合形成光谱。在这个光谱中，可以被肉眼感知并被大脑理解的部分称为可见光。这些颜色，或者说波长，具有不同的频率。黄色、红色和橙色的波长最长，我们视之为暖色；而绿色、蓝色和紫色的波长较短，我们视之为冷色。在随后的部分中，我们会将冷暖色的概念与家居联系起来，而为了帮助你理解色彩，这里我们先行引入这一概念；由于光线变化（受时间、季节影响）和周围其他颜色变化的影响，色彩本身也在变化。

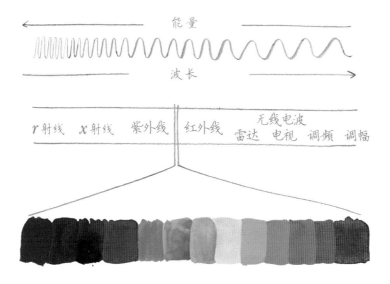

如何看到色彩

让我们举一个简单的例子，例如苹果，以此说明我们看到色彩的过程。苹果看上去是红色的，对吗？其实，那是因为红色波长反射到我们眼睛里，所以它看起来是红色的。其他颜色的波长（橙色、黄色、绿色、蓝色、紫色）都射向苹果，但都被苹果吸收了，而红色被反射回来，因此我们看到的是红色，大脑感知的也是红色。然而从科学的角度来讲，苹果的实际颜色是除去红色之外的所有颜色。听起来匪夷所思，不是吗？这也是我倾向于将物体视为"色彩载体"，而非"色彩实体"的原因所在。

当光线射入视网膜的时候，色彩的感知过程就开始了，视网膜位于眼睛后部，那里分布着不同类型的感光细胞，即视杆细胞和视锥细胞。视杆细胞能帮助我们在弱光条件下看清物体，但不能使我们看清色彩。视锥细胞则在更精细的层面上进行工作，使我们能够识别特定颜色。视锥细胞有三种类型，分别对应红色、绿色和蓝色。因此，当我们观察苹果的时候，我们的红色视锥细胞会看到这个苹果，并向大脑发出信号——这个物体是红色的。

再以黄色为例。当我们观察香蕉的时候，并没有黄色视锥细胞向大脑发出信号。事实上，光线进入视网膜，红色和绿色视锥细胞被激活，因为这两者最接近黄色，随后我们的大脑会将两个信号结合起来，并把组合信号理解为黄色。通过结合红色、绿色和蓝色，大脑就能让我们看到无数种色彩组合。科学家将这一知识运用到相关技术中去，例如电视成像，电视屏幕会发出红色、绿色和蓝色的光，但借助大脑的色彩感知方式，我们能够在屏幕上看到各种颜色。因此当我们在屏幕上看到黄色时，电视实际上只发出了红色和绿色的光。理解了大脑感知色彩的方式，有助于我们理解人们对色彩的不同感知以及不同情感。

我们有必要了解：大脑只使用三种色彩来解释和创造每种色彩，而这也将有助于我们对色彩复杂度的理解，以及对色彩个性化的认知。这种认知并非固定不变，每个人对色彩的感知和反馈都与他人不同。我们拥有着不同的色彩敏感度、迥异的思考方式，以及千差万别的联想能力。

色环

掌握了色彩科学的相关基础，就可以体验色环的力量了。你有没有想过，为什么某些既定色彩会在家居配色中显得十分协调？色环是一种将色彩关系视觉化的工具，它能帮助我们回答这个问题。色环由原色、间色和复色组成。几个世纪以来，艺术家、科学家、心理学家和哲学家们都在研究色环，以求了解色彩对人类思想、身体以及意识产生的影响，这种影响极其微妙而又繁杂多样。在本书中，我们看到的是基于减色法绘制的色环。让我们一"看"究竟吧！

原色

原色之间彼此等距分布。原色分别是红色、黄色和蓝色，它们不是由其他颜色混合而成的。

间色

间色是由两种原色混合而成的颜色。例如，红色和黄色混合成为橙色，蓝色和黄色混合成为绿色，蓝色和红色混合成为紫色。

复色

复色是由最为接近的间色和原色混合而成的颜色。例如，红色和橙色混合成为橙红色，绿色和蓝色混合成为蓝绿色。

有了色环以后，就可以无限地混合颜色。在光谱分析上，白色实际上是所有颜色的集合。而在美术绘画中，如果把所有的原色混合在一起，最终会得到黑色。

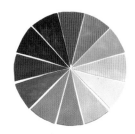

暖色和冷色

彩虹可被分成暖色和冷色。知晓色彩原理后，即可借此营造空间的氛围。

暖色是指红色、橙色、黄色以及介于这三种色相之间的所有色彩。这些是前进色，给人以物体距离更近之感，使大空间感觉变小了。暖色会让我们想到热量、阳光和温暖，使空间更为温馨舒适。有些时候，仅仅看着这些色彩，我们就能感到温暖；如果房间选用暖色，你会感觉整个房间的温度都在升高。通常，它们被视为激励的色彩，常用于激发活力、促进运动。

冷色是指绿色、蓝色、紫色以及介于这三种色相之间的所有色彩。这些色彩是后退色，与暖色相比，冷色在空间上的表现力有所下降，给人以广阔之感，看起来像是在把墙壁向外推。冷色会使空间更显轻松，更加广阔，更为凉爽。这些色彩会让我们想到清水、天空、冰雪，以及偏冷的温度。通常，它们被视为沉静的色彩，常被用于舒缓神经、放松自我。

每种色彩都有冷暖之分。例如，尽管红色属于暖色，但是冷红色会含有更多的蓝色，而暖红色则含有更多的黄色。回想一下蜡笔盒，还记得黄绿色和绿黄色吗？两者差别甚微，但色彩确实不同，它们实际上都是绿色，但是含有更多黄色的绿色会让人在视觉上感觉更加温暖。相信在鉴别诸多色彩之后，你定会练就一双慧眼，分辨出冷暖色之间的细微差别。

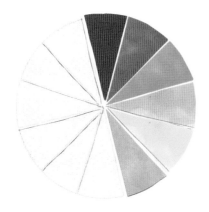
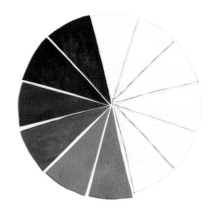

暖中性色和冷中性色

中性色是指色相繁多、轻柔缓和的明亮色彩，这可能与我们的一贯认知有所出入。许多人会选购灰色沙发、米灰色涂料，然后将之布置到明艳的"流行色"中去，而我想打破这种旧习。与之相反，当你走进房间时，希望你放慢脚步，自主思考，层层递进，深入探索。如果你认为中性色是无彩色，未免有些断章取义，因为事实恰恰相反。

中性色可能"看起来"没有什么色彩，但在多数情况下，中性色的色调都有其底色支撑，色彩随之产生微妙变化，这正是它的意义所在。举例来说，白色是奶油白、象牙白等色彩的统称，但白色的细分色彩则千差万别，它可以偏向任何一种色彩。我们可以调和出蓝白色或者粉白色。去涂料店里逛一圈，看看店员能提供的所有白色涂料，你就会有所了解。或者，尝试一下我的大学练习：在白布上画出一枚白鸡蛋。你将发现，这枚"白"鸡蛋里，会有绿色、紫色、最浅的蜜桃色，甚至其他更多的色彩。

寻找到中性色的底色，将有助于我们更好地理解和搭配中性色。举例来说，如果你想用蓝色进行装饰，缀以灰色会令其更显灵气；若要强调蓝色，便需搭配暖中性色和橙色（橙赭色或褐色）。认识并利用这些变化和差异，可以让你尽情掌控家居色彩。

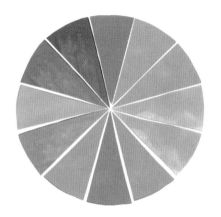
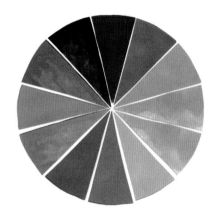

互补色

互补色是指在色环上彼此相对的颜色。当出现在同一房间中，它们就会相互增强。用互补色创造小幅装饰图案，是玩转色彩和开始家居配色设计的巧妙方法。

红色和绿色

说起调色板中的红色和绿色，你可能会想到圣诞节，或是像莉莉·普利策（Lily Pulitzer，美国知名时装品牌，主打清新暖人的热带印花风格）服装上所用的凯利绿和亮粉色。此外，红色和绿色还有更多的搭配方法。想象一下，从浅浅的苔藓绿过渡到更深的猎人绿，这中间的所有搭配是何其丰富。

蓝色和橙色

提到这两种色相，你可能会想到纽约大都会队（New York Mets）的撞色队标，将之运用到室内，也会成为美丽的配色。尝试一下藏青色、锈橙色，有时天然材料的色彩用起来会比平面绘画的色彩更加顺手，例如橙赭色而非橙色。可以使用这些色彩的明亮色调，例如钴蓝色作为强调色。

黄色和紫色

黄色和紫色的组合看起来有些古怪，但是我们可以选用两色不同的饱和度来创造出乎意料的组合。奶油黄和偏金色的中性色会是房间绝佳的基调色。然后使用繁复的紫色，例如紫心植物（紫竹梅）的色彩，并借用绿色和红色来突出黄色。

BARR HILL
RESERVE
TOM CAT
GIN
BARR HILL
GIN
菊水
生原酒
THE PDT COCKTAIL BOOK
Baker JIGGER, BEAKER, & GLASS
DOMAINE
CANT

材质

如果想拥有某种色相丰富、深沉内敛的色彩，或是营造一种极简主义的氛围，建议把颜料放在首位，这关乎材料的简洁度与质地。我曾拜访过纽约迪亚比肯美术馆（Dia: Beacon museum），瞻仰过罗伯特·雷曼 (Robert Ryman) 的白色画作。你也许会想："纯白色的画会有趣吗？"事实上，它们妙趣横生，光彩熠熠。这些画作因其特殊质地而闪闪发亮，非常迷人，其中材料的选择尤为重要，这也是绘画创作中不可或缺的一部分。仔细考量材料之后，你可以事半功倍。

不论材料是光滑如玉还是粗糙如土，是人工合成还是自然天成，都会影响我们看待色彩和使用色彩的方式。我在艺术院校上过材料课程，了解到涂料拥有不同质地，也学习过如何在不同表面使用不同涂料，从而达到不同的表现效果。材质、肌理与色彩的表现息息相关，同时也是光线与物体相互作用的重要部分。它会吸收光线，还是反射光线？是亮光，还是亚光？是半透明，还是不透明？

想想看亮光红和亚光红。亚光红会给人以轻松随意之感，而亮光红看上去更显奢华，但如果质地选择不当，亮光红又会显得颇为廉价。亮光会夺人眼球、引人注目——光泽质感会让人沉浸其中，让你感觉景致更深、更具反射性。当你举棋不定、不知道选择何种材质之时，选取亚光质感可能更加稳妥。无论选取哪种材质，尤其是使用中性色或者单色配色方案时，最好在房间里展示各式各样的装饰材质，以保持视觉新鲜，令人百看不厌。

色彩术语

现在学习如何表述色彩。借助色彩术语，我们可以更好地描述色彩及其丰富的变化。这些术语阐述了色彩的明暗、深浅、厚度与丰富程度。真正的色彩专家会用术语武装自己，流利的表达不但让你感到轻松惬意，也会为你的生活增光添色。

当进行家居装饰时，控制色彩以找到适合房间的完美外观是很有帮助的，这些术语将使你能够用语言来做到这一点。

★**色相** / 色彩外观的纯粹形态。色相是色彩的基本术语，决定了我们想要使用的颜色，并为色彩概念奠定基础，例如"橙色""蓝色"或者"红色"。

★**颜料** / 使物体染上颜色的物质。例如，青金石是一种用于制造特定蓝色的石头。颜料价格决定了颜色价格，昂贵的红色颜料和廉价的红色颜料之间的区别，主要在于两者的颜料成分差异。

★**色值** / 色彩的明暗程度，表示反射光量的多少。

★**饱和度** / 色彩的亮度和强度。饱和度描述了色相的纯度。两种色彩可以具有相同的色值，但如果其中一色的饱和度更高，人们会认为它更加鲜艳明亮、更有活力。想象一下两种不同的蓝色：钴蓝色和蓝灰色。明亮的钴蓝色具有更高的饱和度，和蓝灰色相比，它看起来更加生动，闪闪发亮。

★**明度** / 与白色相混合的色彩，例如粉红色是浅色调的红色。明度高的色彩就像是被太阳漂白的色彩。

★**彩度** / 与黑色相混合的色彩，例如海军蓝是低彩度的蓝色。试想色相是如何在树荫下或在夜晚中变暗的。

★**色调** / 将一种色彩与灰色进行混合，所产生的介于明度和彩度之间，且饱和度较低的暗淡色调。色调与饱和度有着内在联系。

★**过渡色** / 此条为非定义色彩术语，但在本书中会时常出现。在创建配色方案时，我们通常需要加入过渡色（明度、彩度或高饱和度色调）来消除强调色和中性背景色之间的差异。过渡色与房间中的其他色彩相互关联，而如果强调色的感觉并不惊艳，那似乎不适合这一空间。

色彩基础

1 色彩是明亮的。

2 色环是理解色彩关系的基础。

3 暖色使空间看起来更小，让人感觉更为温馨；而冷色使空间看起来更大，给人清爽之感。

4 扩充你对中性色的认知，考量色彩的明度、彩度和色调。

5 互补色通过对比相互强调。

6 材料会影响色彩质感。

FEELING
COLOR

2 感知色彩

除欣赏之外，我们可以通过触摸、品尝、嗅闻与记忆来感知色彩，并获得强烈的色彩感受和体验。对色彩的独特感知进行探索，是让房间焕发生机、展现个性的关键。我们都有自己的记忆与对色彩的联想能力：祖母家旁的枫树叶，可能会让你有家的感觉；而自家门前的那抹绿荫，也能让你感到快乐。有人喜欢黄色，因为他们喜爱柠檬和亮光，有人却会回避黄色。在寒冷的冬天，我们也许会渴望色彩，希望把自然色彩带入家中，以此抵消城市混凝土的冷硬之感。

色彩是明亮的。我们对色彩的感知会随着四季更迭和时间流转而不断变化。在接下来的部分中，希望你可以放慢脚步，体验色彩的辛辣火热、宁静平淡，嗅闻色彩的馥郁芬芳。

感官与色彩

黄色 + 柑橘

去皮的柑橘香气馥郁，充满了整个房间。这种既甜蜜又酸涩的嗅觉体验令人惊叹不已。在烹饪过程中，柠檬可以给珍馐菜肴提鲜，让人"眼前一亮"。柠檬看上去亮眼醒目，尝起来提神醒脑。柑橘的色彩耀眼夺目，同样的感知也适用于阳光色。过量的酸味会让人难以下咽，而酸味过少又显得平淡无奇。明亮的柑橘色调，从罂粟黄到饱和的葡萄柚色，都为空间注入了勃勃生机。这些色彩令人舒心愉悦，能唤起对阳光和温暖的遐想，因此非常适合餐厅、客厅和儿童房。

紫色 + 薰衣草

紫色散发着葡萄的醇香甘甜，也裹挟着轻盈飘逸之感。对我而言，最迷人的紫色便是薰衣草色。薰衣草的气质安宁沉静，而淡紫色的外观显得浪漫柔和。当薰衣草风干之后，其色彩饱和度随之降低，变成了莫奈笔下如梦如幻的紫色调——空气、薄雾与黄昏之色。在这种色彩的衬托下，气息、味道和触感由内而外自然生发，可谓匠心独运，别具一格。

蓝色 + 水

在炎热潮湿之日一跃而入水池之中，或者在口渴难耐之时痛饮凉水，真是令人神清气爽。水也为我们提供了一种感官体验。水可解郁安神，使人精神舒缓，亦可幽邃深沉，令人心满意足。即便水并非蓝色，但在体验蓝色与水的组合之后，蓝色也会带给人清爽之感。蓝色与水的联系如此紧密，以至于蓝色几乎成为海洋的代名词，也让我们联想到晴朗的天空、凉爽的微风，以及清新的空气。

绿色 + 自然

绿色代表生长与生命，带有泥土的气息。它柔和而富有纹理，就像鼠尾草一样，软萌可爱；也可以多彩而清爽，如同薄荷叶一样，清新怡人。它会让人想起割断的草叶所散发的青草气息，或者像香菜和韭菜等草本植物所具有的强烈味道。伊人千面，绿意多姿，蓬茸的绿色会带给人多层次的感官联想，这也正是它的魅力所在。

中性色 + 香辛料

香辛料是烹调的基石。试想一下，菜肴的烹饪通常是从炒大蒜和炝洋葱开始的。中性色也是室内配色的基调色。如果仔细考量所选色调，室内配色会更加协调、精致，正如同使用了调味香辛料后，食物的味道会更加鲜美一样。试想香辛料上的不同色彩——陈皮、肉豆蔻、黑胡椒、红辣椒、芥末籽、白芝麻粒……而中性色则为美丽丰盈的房间奠定了基调。

四季与色彩

如果你想用色彩唤起感觉，可以先从观察四季做起。尽管装修房屋的频率远低于四季更迭的频率，但我们可以经常重新布置餐台，桌子的方寸之间，便是唤起季节色彩的最佳之处。餐桌是时令的传统象征，自然风景可以唤醒我们的用餐体验。当然，还有很多方法可以将四季融入家居生活，让我们先来看一下餐桌吧！

冬季

我个人认为，冬季是轮回的起点。一切都是新的，世界的色彩沉寂下来，更显安宁平静。它低调柔和，朴实无华，近似于沉睡中。白昼越来越短，光线很快消失。如是这般的风景，会让我联想到浅灰色、冰蓝色、银色以及柔和的紫色。使用蓝白色相间的盘子、蓝色玻璃杯、大理石桌面以及银色餐具，可将冬季意象引至餐台上。

春季

春季充满了新的能量，代表着成长与希望。我喜欢柔和的色彩混搭，更重要的是，绿色的寓意是如此美好。我将各种柔美的绿色带到餐桌上，再用奶油色和冷白色将其逐层陈列开来，并搭配薄荷绿色的纺织品、深绿色的玻璃器具，以及清新的绿色条纹水杯。

夏季

夏季激情四射，活力澎湃，色彩在夏季变得浓郁、热烈。夏季以明媚、鲜亮著称，具有愉悦的色彩和欢快的氛围。使用蓝色、柑橘色和蛋黄色的多彩配色方案吧！只需取一分明亮色彩，便能装点整个餐台。对此你不必太过计较，只要玩得开心，体验色彩之趣即可。

秋季

秋季是变化的季节。秋日的色彩温暖而充满过渡性，但不及夏天那样明亮。对我个人而言，秋季见证了所有中性色调之美，这些中性色调温暖舒适，安详惬意。看看那些变色的树叶，它们就是配色的灵感源泉。配以混合金属、木材、斑点图案的陶器，柔软的粉色，不同色调的蜂蜡蜡烛，以及各色的天然材料，可以打造出优雅别致的餐台。

昼夜与色彩

日出和日落的光线不同，对家居色彩的表现有着很大影响。回想一下，在一天的不同时刻，你都会去哪些房间？例如，你是否喜欢在清晨花更多的时间坐在餐厅，夜晚更喜欢躺在卧室床上？找到一天当中你最常停驻的房间，观察此空间中的色彩，就是体验色彩的一种方式。在房间中摆个花瓶或者挂上一幅画作，选择不同的时间去观察，看看是否能分辨出光线的变化。留心观察光线的细微差异，随着时间的推移，光线会变成暖光或冷光，随之更加明亮或暗淡。我们在上午和下午对同一静物组合进行了拍摄，以此向大家展示光线的变化。

SEEING COLOR

3　邂逅色彩

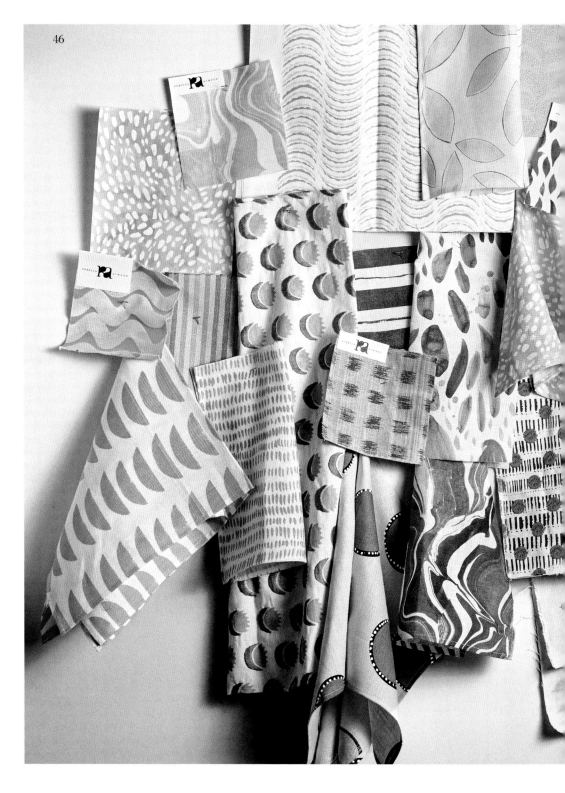

在这个部分，你会爱上色彩。你可以想象色彩的瑰丽神奇，开启炫彩生活之门。不必在家中铺陈所有色彩，或者去接受每种色彩的不同色调，但要学会拥抱身边的色彩，如此一来，便可以用新颖独特、极富想象力的方式进行配色创意。无论评说斑斓彩虹的哪一种色彩时，都希望你敞开心扉，来者不拒，为不甚讨喜、甚至有些厌恶的颜色留出一分空间。希望你积极探索自我与色彩的关系，以此确定与你相符的色调。你会发现，在历史的长河中，每种色彩都蕴含着丰富的含义，凝聚着迥异的文化联想。这些信息将赋予你灵感与力量，帮助你书写属于自己的色彩篇章。最重要的是，用色彩洗涤心灵。让我们共同阅读以下的内容，邂逅美丽的色彩。

中性色系:

沧沙色、石蓝色、深灰色

中性色是基础色,也是画布的基调色。中性色平淡朴素,广泛存在
于自然之间,遍布于空间与环境之中,却时常被人忽视。我们将中
性色的概念进行扩展,超越传统定义的"无色",因为几乎不存在
完全没有色相的色彩。事实上,正如我们在第 19 页所看到的,只
使用不同色调的中性色也可以创造出一个完整的色环。

邂逅之地……

中性色之忆

如果你在世间上下求索，试图寻觅中性色的灵感，建议你将目光投到天然材料上来。我和中性色的"初恋"萌生在童年的家里，清爽的蓝灰色青板岩铺在庭院中，温暖的红木栏杆盘在楼梯上。最终，海滩给予了我极大的启迪。沙色便是我童年的中性色，因为我曾在科德角的海边漫步了无数个日日夜夜。我喜欢更靠近海水的沙子，因为它的色彩更暗、更湿、更冷，不像那些更靠近沙丘的沙子那么轻盈明亮。我也喜欢冬季的海滩，海岸线上的干草会呈现出另一种鼓舞人心的中性色。光线变化万千，当它照射到干草上时，就会发出莹莹金光。留意光线与中性色的互动，是寻找最佳中性配色的关键。

- 还记得童年时你所看到的中性色是什么样子吗？

- 在你最喜欢的画作中，可以找到哪些中性色？

- 你更偏爱哪些天然材料？原因是什么？

- 想象一下你的幸福空间，你在那里会看到哪些中性色？

与中性色相融相生

更多中性色，更多家居趣味。中性色是家居色彩的基础，每种配色方案都必须包含沉静淡然的颜色，不过，沉默不语并不意味着无趣可谈。

在家居装饰过程中，可尝试各种各样的中性色。不要选择单一暖色或单一冷色（例如灰色或棕褐色）。若你选用柔和素雅的配色方案，可增加中性色的面积，并配以纹理装点。若你选用简约的配色方案，所用色彩相对单调，可考虑搭配亚光或亮光的材料、带纹理的亚麻布、天鹅绒，以及使用印花图案和刺绣工艺等。精巧的细节展示和适宜的材料选取，对小空间而言尤为重要。

要诀在于打破中性色在你脑海中的固有印象。想想色彩的亮度（明度）、色彩的明暗程度（色调）及色彩的纯度（彩度）。自然界中的色彩丰富多样，诸如天蓝色、草绿色、山脉的淡紫色、冬季干草的金色……在家中，运用相同的色彩进行模仿，也可达到中性化的色彩意象。

当你继续品读本部分的其他色彩时，试想一下，不同色彩的哪一种色调对你来说是中性色调。柔和的色彩或是亮色的暗沉色调，都可以作为中性色。甚至更加明亮、饱和的色彩也能使人感觉到中性风格，这取决于你如何使用它。

有一些中性色可用来填补灰色和褐色之间的空白，它们是带有些许褐色的暖色，抑或带有些许灰色的冷色。我钟情于织物布料，它的面料色彩介于暖色和冷色之间。这种材料既有褐色又有灰色，可以作为中性调色板，巧妙衔接其他颜色。

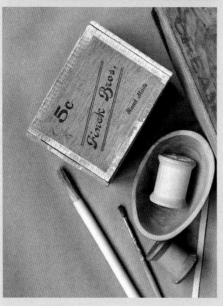

调制更具色彩冲击力的中性色

1 可尝试不同纹理的搭配效果，例如粗糙的纹理搭配光滑的纹理，抑或质朴的纹理搭配典雅的抛光纹理。当你在家居空间中使用柔和的色彩时，可以尝试使用不同的纹理、饰面和材质进行装饰，营造出耳目一新的氛围。

2 使用色值。通过对比，我们可以创造出空间的亮点。如果你秉持传统的中性色配色方案，可以探索其明亮色系与暗淡色系之间的关系。暗淡的深灰色、明亮的乳白色、色彩丰润的苔藓色以及亚麻色，可以完美结合，搭配出理想的效果。

3 探索底色。仔细观察你所选取的中性色，并留心它们是否蕴含粉色、紫色或是绿色的底色。注意中性色的变化，其延展色可与其他色彩搭配使用。例如，若将绿色沙发放在暖色和红色房间里，沙发的绿色就会尤为突出，与整个房间格格不入。换成带有中性色底色的沙发，不论是明调的米色沙发还是暗调的沙发，都会非常适宜。

色彩中性化

搭配白色

在白色背景上使用明亮色彩，可以舒缓亮色，并使其更具中性风格。搭配的比例至关重要。将少量的醒目色彩与大面积的白色、褐色、米色或是灰色搭配，会使得亮色更显柔和。挑选带有图案的织物，或是整体空间配色时，都应考虑这一点。

陈列与布置

鲜明醒目的色彩落在地板之上，便沉稳了许多，地毯完美诠释了中性色——万千色彩在身，依然秉持中性。想象一下在如茵的草地上行走，"天街小雨润如酥，草色遥看近却无"，绿色分明就在脚下，你却对它视而不见。下次再去新的地方，记得低头看看脚下，留心观察地板、人行道和自然界，也不要忘记抬头看看天花板。

使用天然材料

无论是绿意盎然的植物、裸露在外的砖块，还是满满的一碗柠檬，只要将色彩和材料有机组合起来，就不显矫揉造作，而更接近中性自然。天然材料是中性化的，我们也自然而然地把对应色彩与之相联系。我们常用绿植装点空间，而不会把墙壁粉刷成绿色。若要引入斑斓的中性色，此方法值得一试。

学以致用

明度、色调、彩度、材质，甚至是抛光加工，都可以使色彩变得更易于搭配。回忆一下我们在第一部分中提到的"三原色"。例如最淡的红色可以是暖色系中性色，呈现出浅浅的粉白色。军绿色和深卡其色都是绿色的不同色调，海军蓝则是蓝色的深色调。斑斓色彩因原色而生，令人"情不知所起，一往而深"。

红色系：

胭脂红、番茄红、宝石红

红色催人奋进，斗志昂扬，又温柔婉约，美丽动人。依我所见，从百慕大群岛的粉色沙滩，到印度的"粉红之城"斋浦尔，贯穿其中的粉色便是魔法的代名词，而当粉色与红色混合之后，又象征着家庭与幸福。看到如此瞩目的色彩，人们常会联想起最为饱和的红色（消防车的红色车身、停止标志上的红色、情人节的红色主题）。不过，也有深色调红色的存在，例如苹果、变色的枫叶，以及红杉树的树干。对我而言，红色始终是令人欣慰的色彩。我在红色的谷仓中长大，家里经营着一家名为"红雉"的餐馆；也正因如此，我将红色与传统相连，与温暖相系。在餐馆的厅堂里，刷好白墙，缀以红边，再铺上温暖的木质地板，使得红色更趋于中性化，而少了几分明亮醒目。

明艳张扬的番茄红令我爱不释手，因而在我的设计中尤为突出。尤记得我亲手种下的第一批番茄，看着它们从绿变黄，再到橙红，变化的色彩向外界发出信号：果实逐渐成熟，可供采摘食用。同时它们也教会了我：色彩是有生命的。看看红色的光谱，从粉红到谷仓红到亮红，我们有无穷无尽的方法，演绎各种个性张扬的色彩。

回念红色逸事

红色的历史源远流长，可追溯到古罗马早期，"色彩"和"红色"在那时其实是同一个词。在文字出现以前，世界的色彩无法用语言进行表达。那时候只有"黑""白"两色，除此之外再无任何描述色彩的方法。随后，人类描述的第一种色彩便是"红色"。在钦定本《圣经》中，"红色"被提及了 52 次（仅次于白色），最为著名的便是有关红海的描述。

红色的文化联想比比皆是。血液是红色的，因而红色多与勇气、牺牲有关。纵观世界，红色无不彰显着政治权力，因而大多数国家的国旗上都印有这种强而有力的色彩。从统计数据来看，身着红色衣物的奥运选手获胜概率更高，红色原本象征着竞技，因而红衣健将更显强劲有力。在中国，红色是一种喜庆的色彩，象征着祝福与佳运。印度的新娘身着红色莎丽，寓意家庭兴旺、多子多福、蒸蒸日上。

红色也是一种警示色，常用来表示"禁止"，例如红灯、禁止标志、红色警戒线。事实上，"繁文缛节"（red tape，直译为"红色封条"）一词源自古代的红蜡印章，它曾被用来密封亨利八世写给教皇克莱门特七世的信函，告以废止与阿拉贡王国的凯瑟琳的联姻事宜。如若阅读这些信函，就必须拆开"红色封条"，越过"繁文缛节"。

那"急红了眼"又如何解释呢？首先，它可不是来自斗牛场的词汇。虽然看起来是斗牛士挥舞的红色斗篷使得公牛发起了冲锋，但其实公牛是色盲，它们只对斗牛士的动作做出反应。

在艺术领域，赭石与褐土的色彩在世界范围内应用广泛，很多早期艺术作品中都有它们的身影，而如今的艺术家们也仍在使用这些色彩进行创作。

阿兹特克人（北美墨西哥的一支印第安人）首先使用养殖的胭脂虫制作红色颜料。胭脂虫是一种寄生在仙人掌上的灰色昆虫，当它被压扁的时候，就会产生明亮的红色。阿兹特克人会把虫子晒干并碾成细粉，创造出色泽丰润、经久不散的红色。阿兹特克人享用着这分红色，并用它装点统治者。在西班牙人到来之后，这里的原住民被征服了，而这种染料随后也出口到了欧洲。在此后的两百年，西班牙人垄断了红色染料的生产，并在这种色彩之上建立起了西班牙帝国。

最初的胭脂虫历久弥坚，至今仍被用于生产各类产品，从口红到果酱，从马拉斯奇诺樱桃（蛋糕上的装饰性红樱桃）到 M&M 豆，不过已贴上了"E120"的食用着色剂编号。因此，下次吃到带有红色染剂的食物，你一定要感谢阿兹特克人、西班牙人，还有让这一切成为可能的灰色小虫。

红颜知己，雅韵怡情

要想创造以红色为焦点的色彩搭配，应选择你最喜欢的红色，并明确它所赋予的意象。这将有助于搭配其他色彩，并调和配色比例。如同画作一样，出彩的配色方案理应具备一定的深度与广度。基调色也需要辅助色衬托，方可进行创作。胭脂红、番茄红和宝石红是我钟爱的深色调红色，希望你在书中会获得相关色彩的灵感。

让我们更深入地探索番茄红。番茄红个性张扬、神采奕奕，色相更接近于橙色。对我来说，这是一种快乐的色彩，希望由它拓展的配色方案能够让人欣喜愉悦，焕然新生。为了保持它的轻盈明亮，我选取象牙白作为基调色，缀以蜜桃色和胭脂红进行过渡和中和，进而弱化柔和色调与明亮色调之间的差异。在这之中，还加入了一抹矢车菊蓝。蓝色是橙色的互补色，它的加入使橙色有别于番茄红，少量的浅蓝色彩沉稳冷静，舒缓了红色的张力。色彩的比例会对整体配色产生一定影响，因此在大面积使用象牙白色时，选取少许明快的色彩，可以创造出舒适宜居、通透轻盈的配色方案。

将织物样本、色彩涂片和其他物品有机结合，我们便可以营造出不同的空间氛围。试想，所有色彩都出现在同一个房间里。假设在客厅中，墙壁是柔软的奶油色，放置一张蓝色扶手椅，并搭配象牙白与番茄红图案的窗帘，再缀以蜜桃色抱枕和靠垫。为了将配色方案与设计空间完全融合，还需加入更多的中性色（例如天然亚麻、混合木质材料），但总体来说，配色效果已初见雏形。

- 你对红色的最初记忆是什么？你最喜欢哪种红色？
- 你会把红色和哪些房间联系起来？

与红色相融相生

红色是一种强烈的色彩。高饱和的红色势不可挡，近乎要将一切淹没，因而要考虑其明度、色调、层次与纹理。如果你依然有所顾虑，可以先试着在空间里摆上几种不同的红色，观察一下摆放前后它与其他色彩的互动变化。明亮而又饱和的红色会使原本中性化的空间变得棱角分明，避免沉闷单调之感；而柔和的红色能增添温馨之感，使其更显活力。鲜艳的红色通常会令人感到精力充沛，冷色系的红色浪漫深沉，深色调的红色则强健有力⋯⋯合适的色调源自你理想中的家的模样。

用红色装点生活

零星点缀

红色的灯罩、花瓶或者抱枕，给客厅增添一抹明媚清朗、舒心愉悦的色彩。红色的碗碟或者茶壶，可以点亮整个厨房。借助于鲜艳的红色基调，可将整个房间凝为一体，让周围色彩更显清晰。通过对比，红色强化了其他色彩。谨记，你需要搭配其他色彩以获取平衡——它可以是中间色调的过渡色，也可以是暗沉色调的中性色。

柔和的色调

想让空间温馨又不失平静氛围，可以考虑选择粉色。使用带有橙红色的胭脂红（多一点桃红、少一点蓝粉），就不会令人感觉过于阴柔。

搭配白色

红色活泼灵动、充满张力，适用于客厅、餐厅以及活动区域。而白色可以柔化红色，使其更适于卧室等空间。可考虑选用红白疏缝或是红白相间的被套，让白色弱化红色的强度，使之如胭脂红那般柔软。

红之相迎

一道红门令人感觉精力充沛，象征着好运连连，给人积极热情、活力澎湃、振奋昂扬的感觉。

促进活跃

走廊是过渡空间，选用活泼的红色进行装饰，两者融合，相得益彰。需要注意的是，如果其他房间也选用红色的话，需确保两种色彩相互协调。也就是说，其他房间里可用少量红色（或暖色）作为强调色进行装点。关于如何在走廊中使用红色的更多灵感，参见第126页艾米莉·巴特勒的家居搭配心得。

橙色系:

蜜桃色、柑橘色、橙赭色

橙色的意象丰富，广布于自然界。设想一下你举目遥望沙漠景观，或去凝视被橙色包裹的广袤峡谷。橙色催人奋进，愉悦身心，它温暖而富有活力。若吟阳春白雪，橙色极富摩登气息，着实令人眼界大开；再唱下里巴人，它脚踏实地，坚若磐石，淳厚朴实。想想看树梢上的橙色水果，颗颗圆润晶亮，点缀在葱郁的绿色之中。橙色总是和柑橘形影不离。就个人而言，它让我想到圣诞袜里面的金钱橘。我们常在袜子里放些橘子，这是一种家庭传统，我喜欢把它们层层剥开，嗅闻柑橘气息。

橙色也会让我想到和姐姐们一起雕刻的南瓜——切开南瓜之后，找到所有的肉质与南瓜种子。我喜欢看越切越薄的南瓜，享受着南瓜皮逐渐变薄的过程。我们会把南瓜子保存起来，妈妈会用它做盐焗点心。从浅浅的淡黄色种子到坚硬又色彩浓郁的南瓜皮，橙色的世界如此深浅不一，却又触手可及。对我而言，橙色便是这样一种色彩：它向我们展示了食物的多姿多彩，也是我们追寻珍馐美味的线索。

回念橙色逸事

橙色不得不为自己的身份而战。在 16 世纪之前,它只被简单地称作"黄红色"。然而,这种称谓随着某种水果的种植而改变——"橙"既是它的名字,也是它的色彩。据说,柑橘类水果从中国开始了它的环球旅程,"橙色"一词在 1512 年首次作为色彩出现。

尽管橙色不像紫色或者红色那般承蒙君威,宠命优渥,但它却将色彩赋予了世界上最昂贵的香料。藏红花是世界上最昂贵的药材之一,价格为 6000~30000 元 / 千克。如此高昂的价格源于其苛刻的培植条件。藏红花的花丝来源于雄蕊的柱头,这是一种鸢尾科植物,开有紫罗兰色花朵,每年的花期只有一周。每朵花大约会有 3 个雄蕊,必须用手轻轻采撷,并小心干燥。生产 500 克藏红花香料,需要成千上万朵成花。尽管值得与否争议不断,但使用者对这种香料追捧至极。虽然用作染料十分昂贵,却可从袈裟中寻到它的身影。

可以说,荷兰人与橙色的关系最为密切。荷兰宗教自由的伟大英雄,来自奥兰治王室的威廉一世,他最终成为荷兰国父。他与后裔常被描绘在色彩鲜艳的画作之中。与之相对,荷兰人也把橙色视作自由的象征,称自己为"奥兰治人"(Orangemen,直译为"橙色的人")。荷兰人如此钟情于橙色,以至于在其占领纽约之后,就不假思索地将之称为"新奥兰治"——即使现在,布朗克斯(纽约市最北端的一区)的区旗上仍带有传统的荷兰三色。

直到 1797 年,法国科学家路易斯·沃克兰(Louis Vauquelin)发现铬铅矿(这也促使了 1809 年合成颜料铬橙的发明)之后,橙色才受到了艺术家的欢迎。尽管古埃及和中世纪的艺术家之前就用多种矿物质制作成了橙色,但法国印象派画家对用橙色与天蓝色形成互补色的方式尤其着迷。1872 年,莫奈创作了《日出·印象》,成为印象画派的开山之作。

橙色最为豪奢而又持久的用途,其实事出偶然。在第二次世界大战期间,巴黎时装店的染料短缺,导致不少标签和包装都被涂上了橙色颜料。战后,奢侈品牌爱马仕仍将橙色盒子与马车标志保留了下来,橙色便作为品牌身份的有机组成,成为宁静、智慧与生活乐趣的象征。

"柑"甜蜜语，"橙"心诚意

橙赭色、柑橘色和蜜桃色是我最喜欢的橙色色调。我在配色中也使用了柔和的褐色，尽管它是中性色，但其本质却与橙色相关。

让我们将两组配色方案分开来看。首先是一组色彩斑斓的配色方案（右页上图）。将橙色与泥土色般的中性色混合，再加入温润的宝石色调——亚麻色、柔和的棕色、漂洗过的粉色、点点钴蓝色，甚至紫色。如果考虑引入更为鲜艳的色彩，这种温暖稳健的配色方案便是良好的基调色，它既可以平衡性情浓烈、色彩丰富的钴蓝色，又能接纳强劲有力、光泽丰润的橙色。建议所选的中性色应有一定的张力，进而对强调色进行补充（此配色方案中，选用温润的宝石色调）。这类配色方案通常适用于餐厅或者厨房。

接下来，我们再看一组更为柔和的配色方案（右页下图）。在这组配色方案中，依然是将橙赭色作为中性色，但我使用了胭脂红和灰褐色来弱化橙赭色。这些柔和色调与橙色搭配和谐。柔和的橙色与鼠尾草绿、辛辣的黄绿色都很般配。此配色方案舒适轻柔且梦幻缥缈，带来点点惊喜，与卧室天然契合。

- 提到自然界中的橙色，你会想到什么？
- 你能想象出浅淡的橙色或是加深的橙色吗？这种想象如何改变你对色彩的感觉？
- 你认为哪些食物是橙色的？

与橙色相融相生

家居色彩中，橙色的使用范围十分广泛：从烈火烧灼、朴实无华的中性色，到鲜明愉悦、富有朝气的色调，又或是温和婉约、增添点缀的蜜桃色。当我在脑海中勾勒日落之景时，橙色便首先浮现在眼前。再想到穿过夕阳的粉黄光带，我梦想着家中重现这一风采，便将这恬静温馨的色彩运用到家居空间。想想看自然界中的橙色，再对比自己家中的橙色，将后者降低饱和度，便会散发梦幻般的蜜桃色光芒。

橙色既能营造出自由奔放、俊逸洒脱的波希米亚风格，又可带来新鲜现代、明朗豁达的触感。橙色易于搭配中性色，是搭配其他色彩的桥梁。与灰褐色、灰色或是褐色相比，淡雅的橙色更显活泼，带来了勃勃生机，更增添几分温馨与趣味。

用橙色装点生活

斟酌材料

善于利用材料，就可以将橙色化作中性色，融入家居空间。例如黏土色、橙赭色以及中间色调的木质材料，抑或橙色系的皮革座椅。天然而成的皮革，若不加以人工雕琢，往往会透出橙色的底色。它璀璨绚丽、精巧微妙。比起绘画所用的喷涂色彩，材料本身具有的色彩会令人感觉更加自然（也更加中性）。

探索饰面

选用铜色饰面也是引入橙色的绝佳之法。谨记，表面抛光可以改变色彩给人的感觉。铜制品会映衬出华美丰富、典雅高贵的橙色。它可以是橱柜的五金，也可以是后档水条，还可以是用于展示的铜碗、铜罐。这种金属材质的温暖增添了整个空间的华美之感。

配以蜜桃

我很喜欢蜜桃色，它出人意料，却又率真自然。乳化后的橙色，正如裸色的指甲油一般，美丽动人，轻盈柔软，只可意会，不可言传。这种色彩可以在墙壁上肆意挥洒，一展身手。

零星点缀

如果你对橙色营造的氛围尚存疑虑，可先在餐桌上放一碗鲜橙，抑或在客厅里摆个南瓜，找找感觉。可以取几本带有橙色书脊的读物，堆放在桌子上。先定点取样，开展小范围的测试，随后再到别处使用这种色彩，会让你感觉舒适许多（这个小技巧适用于所有的色彩）。

脚踏实地

同红色一样，橙色也会带给人脚踏实地、朴实无华的感觉，可以作为地毯的强调色。我想在菱形图案的柏柏尔地毯上点缀一些橙色，打造出潇洒俊逸的波西米亚风格；又或者在传统的赫里兹波斯地毯上泼洒浓郁的橙色。橙色在地毯上小面积使用，既不会铺天盖地、过度夸张，又能带来温馨舒适、质朴淳厚之感。

黄色系：

金黄色、柠檬黄、赭黄色

黄色是阳光，璀璨夺目，光芒万丈。它让我想到了在花园中采摘的毛茛，想到了将雏菊的花瓣摘掉后留下的黄色花蕊，还有母亲种下的向日葵——看着那大片大片的花瓣不断生长，就如同看到了黄色从土壤里抽芽萌发。

此外，我还联想到黄色的隐形联系，比如用蜂蜡蜡烛点缀餐台，我钟情于各式色彩与柔软蜡质饰面的相互结合，并沉醉在温和淡雅的香气之中。我会把蜡烛摆在黄铜烛台上，点燃之后，看它滴下层层叠叠的黄色。同时，我还喜欢黄色以非比寻常的方式出现，畅想一下沙滩上的篝火，黄色的火焰穿透了树林的黑暗；或者想象一下淡灰色的水泥街道上褪尽色彩的奶黄色线条。

黄色既可以是脆爽的金冠苹果上带有的黄绿色，也可以变换风格，染上蜂蜜与小麦的色彩，或者成为柠檬般的明黄。一旦你掌握了正确看待黄色的方法，它会让你兴致盎然，为你带来接连不断的惊喜与启迪。

Salvatore Ferragamo

80 PPI

回念黄色逸事

从不同的角度和观点来看，黄色代表的意义存在着分歧。一方面，它是笑脸、橡皮鸭和毛茛的色彩，但它也可能会和疾病、污染联系起来。这种分歧的产生与我们的观察角度以及思考方式有关。相比其他色彩来说，人眼对黄色的感知十分敏感，能够区分出更多种类的黄色。因而，黄色成为校车、让路标志、道路隔离带以及其他警示性事物的色彩。

此外，黄色醒目独特，适合用来凸显人物。在公元前 26 世纪的神话传说里，出现了一位"黄帝"。不论是真实的历史人物，还是仅出现在传说中，正是这位黄帝一手塑造了中华文明，并与黄色缔结了关系。历代帝王都钟情于金黄色，因而它成为统治者的专属色（译者注：明确黄色为皇帝专用色是从明朝开始的），也是阴阳五行学说的色彩之一。正如五行学说的理论所言："其在天为湿，在地为土……在色为黄。"黄色对应着土地，被视为最美丽且最具威望的色彩。尽管随着清朝的灭亡，黄色失去了皇家威仪，但它依然象征着英雄主义和上佳好运。在中国，黄色常与红色搭配，装点着众多皇家宫殿与庙宇墙壁。

而在西方文化里，黄色却摇身一变，站到了良好意义的对立面，被说成是"胆小鬼"（yellow，直译为"黄色"）或者"懦夫"（yellow-bellied，直译为"黄肚皮"），这都是不小的侮辱。黄色的辨识度很高，因而也经常用来形容异类。历史上，犹太人被打上了黄色的烙印，臭名昭著的纳粹的"大卫之星"（犹太人标记，两个三角形反向叠成的六角形）便是其一。

黄色还与骇人听闻的文学著作以及新闻报道紧密相关。"黄色新闻"的产生源自两位报业大亨之手——威廉·伦道夫·赫斯特和普利策·约瑟夫，两人的纷争与纠缠要从漫画《黄孩子》说起。这部漫画使用了一种新型黄色墨水进行印刷，墨迹不会被读者轻易抹去。当赫斯特为了扩展自家报纸的销路，挖走《黄孩子》的漫画画家之后，竞争便接踵而来——两家报社都在尽力卖出更多的报纸，却并不在乎那些"黄页"上究竟写了什么噱头。

黄色的颜料也是二元性的。雌黄拥有着美艳的金黄色，被用于装饰古埃及陵墓与印度泰姬陵，其成分中含有砷。藤黄的色彩迷人，明朗阳光，大量使用却会致命。这种活力四射的黄色颇受艺术家的喜爱，梵高便对它爱不释手。让·奥诺雷·弗拉戈纳尔所绘的《读书女孩》身着一袭柠檬黄连衣裙，出现在艺术舞台上。而后，铬黄成就了梵高的标志性向日葵。他如是宣称："便是太阳，它的光芒万丈，我的言辞却如此贫瘠，只得称之为'黄'，那种明媚的硫黄、寡淡的柠檬黄——多么美艳的黄！"

金黄璀璨，辉煌时代

黄色婀娜多彩，千姿百态，会为空间增添愉悦之感。柠檬黄、金黄色和赭黄色是我的最爱。它们易于融入空间并赋予空间温馨和煦、积极阳光之感，却又不会显得过于明亮或炫目。

打造黄色配色方案时，可以先从最简单的奶油色调着手，它们娇柔可爱，易于搭配。如果你想构建自我空间的色彩故事，既可以单独使用这样的配色方案，也可以在现有基础上搭配更多的色彩。将这些奶油色调同更为明媚的黄色搭配在一起，融合之后，明媚色调更趋于柔和，从而创建出独具个性的色调梯度。

我欣赏黄色与亚麻色的组合，又或者同暖色系的灰色（砖灰色和蓝灰色）、蜜桃色、蓝色，以及中性色的搭配，这让人联想到沙滩上的石子。不论是客厅、卧室还是餐厅，这种温柔婉约的组合都可以作为空间配色的基础。虽然不是传统意义上的中性色，但它也可以作为上佳的基调色，这一切都取决于你理想的空间氛围。它可以搭配一些略显灰暗的低彩度色，也可以融入更为活泼明亮的色相。赋予空间背景一些色彩，可使整个空间更有层次感。如果你想更进一步，建议考虑加入赭黄色、焦橙色或者柔和的灰紫色。

- 你认为黄色具有何种芳香？

- 在黄色的诸多色调中，有你意想不到的色彩吗？

- 还记得哪件衣服是黄色的吗？或者是印有黄色图案、系有黄色纽扣的？

与黄色相融相生

黄色便是阳光，谁不想在家中晒到更多的阳光呢？开拓对黄色的认知视野，是家居色彩搭配中使用黄色的第一步。尽管它不如蓝色或者绿色常见，但对这种色调的使用也许远比你想象的要频繁。举例来说，许多浅色木材都具有黄色底色，可以作为配色方案的基调色。另外考虑一下金属材质，黄铜和金色也带有黄色。

如果你希望空间变得阳光明媚又温暖混搭，尝试一下自然界中的中性化黄色吧！试想这样的场景：寒冬时节，阳光温暖了草地。和煦的金色光芒完美地替代了米黄色，它依然是中性色。

如果要选择更为明亮的黄色，切忌贪多。在野外，自然的黄色会悄然爆发，开在田边的水仙上。而在秋季，黄叶覆盖了一切，世上的其他事物也变得愈加暗沉、宁静，却又足够丰润，达到了一种平衡。在家中你也可以复制这种意象，点缀少量的黄色，或者搭配不同的材质，都是不错的选择。

用黄色进行装饰

采撷收集

收集一些简单的日常物品，即可将色彩融入空间，轻松易行，花费不高，且不必大费周章。举例来说，在书架上摆放几本书脊泛黄的《国家地理》，就可以为房间带来一抹积极热情的明黄。我的母亲常会在书架上摆一组浅黄色的黄油托盘。

明光熠熠

黄色明媚多娇，令人欢欣鼓舞，但它也会精致繁复，甚至变得含蓄保守。选取黄金质感的物品，可以为空间增添几缕金黄，带来轻奢精致的体验。可试着将黄铜餐具、蜂蜡和烛台，以及金质框架有机结合起来。这些小物件会成为家居中的璀璨珠宝。光线照射时，又将带来几点细微的闪光，散发温馨和煦之感。仔细观察这些金属材料的色调，便可激发出更多的灵感，诸如织物、陶瓷和漆料，又会带来截然不同的质感。

金光大道

黄色的门扉预示着热情好客的主人。选取最为柔软而淡雅的黄色，可使得整个空间仿佛沐浴在阳光之下。这扇门理应慷慨挥金，不必太过吝啬。这些温软的浅黄色平易近人，具有中性风格，可以大面积使用，也是粉刷墙壁的上佳优选。

餐厅风格

黄色是活泼开朗的色彩，这与餐厅的风格天然契合。可尝试在橱柜上摆一碗柠檬，放一罐蜂蜜，在浅黄色的花瓶里插上几株鲜黄色的郁金香，又或者放一瓶透明的橄榄油。不必大费周章，就可以在桌布上点缀几分黄色。若你钟情于色彩丰富的外观，可以给餐椅铺上黄色的靠垫，或者收集并陈列一些黄色陶瓷。

抵御萧索

在寒冷的冬季，若要获得快乐，就将明黄色带回家吧！在每天早上都要经过的房间，加一个黄色灯罩或者挂一幅黄色装饰画，这会让你在看到它的时候会心一笑。想想看，春日里第一株盛开的水仙所带来的美妙感觉，这分欣悦让人心有所想，触手可及。

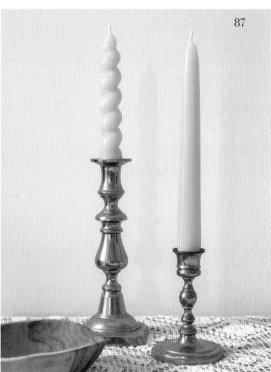

绿色系：

薄荷绿、沙绿色、海绿色

绿色是植物生命之源，这种色彩广布于自然界，常在我们身边出现。绿色可以使人镇定冷静，治愈身心；绿色活力满满，一派生机盎然。试想一下，单在一片森林里，就会出现多少种绿色。我去日本旅游时，体验过"森林浴"，住在一间可以俯瞰森林全貌的房间里，躺在吊床上，沉浸在绿色中。苔藓、蕨类和其他植物覆盖了地面，仰头向上望，鸡爪槭的叶子看起来如同绿色的镶边。我记得那些柔和的绿色色调，近似于灰色、黄色和蓝色。

有些绿色会让我想起童年种的薄荷，青翠欲滴，舒心爽目。在炎炎夏日，我们会把它放到水杯里。我曾试着把薄荷叶放进冷冻的冰块里，之后含到嘴里慢慢品尝，仿佛把绿色吃掉了一样。

回念绿色逸事

自从人类文明出现以来，绿色一直是生命、活力和复苏的代名词。高产的园丁被认为长着"绿色的手指"——掌握着特别的园艺技能，而"绿化"也时常是指环保实践。在拉丁语中，"vita"表示"生命"，它的衍生词"virita"则表示"绿色"。"绿色"（green）随后和"生长"（grow）产生了根深蒂固的联系，在古英语中，两者都源于"gro"，而绿色也常被认为是"青涩的""不成熟的"，既可以形容植物，也可以形容年轻人。早在中世纪时期，绿色就用来代指那些稚气未脱的新手，或者不成熟的年轻人。

就绘画而言，绿色的色调十分微妙。在文艺复兴时期，大多数画家只能使用铜绿色，这种色彩源自化学反应的产物——碳酸铜，打磨一下，它就会变成偏绿的蓝色。不常用的硬币和自由女神像上的绿色铜锈便是这么来的。

这种绿色颜料最为著名的应用，大概就是扬·凡·艾克在 1434 年所画的《阿尔诺芬尼夫妇像》，这是一幅奇特的画作，委托作画的夫妇想必一定十分富有——因为他们买得起绿色的衣物和绿色的绘画（译者注：中世纪的绿色颜料主要来自铜绿和孔雀石，虽然蓝黄颜料可以混合，但因规定，同一家染坊不能经营多种颜色，因此绿色较少）。随着油画的兴起，绿色变得更加难以捉摸：当铜绿与油料混合，它会随着时间的推移，变成令人略感遗憾的棕色。因此，那个时代表现园林主题的油画在现在看来，多数都带有泥泞的色泽。

虽然艺术家们对绿色颜料意兴阑珊，但他们却把绿色的苦艾酒视为创作灵感。许多作家和艺术家都对苦艾酒表现出极大的兴致，包括埃德加·爱伦·坡、奥斯卡·王尔德、马克·吐温、梵高、亨利·德·图卢兹·罗特列克、巴勃罗·毕加索以及欧内斯特·海明威等。苦艾酒由茴芹根、小茴香和苦艾草制作而成，被古埃及人和古罗马人用作防腐剂。19 世纪 60 年代，当法国士兵开始利用苦艾酒抵御疟疾的时候，他们就不可救药地迷上了它，到了 19 世纪 70 年代，巴黎的咖啡馆里挤满了喝苦艾酒的人。它风靡了那个时代，以至于下午五点也被称为"绿色时间"。

对爱尔兰人来说，绿色意味着希望和信仰。自从圣帕特里克（Saint Patrick，爱尔兰传说中的守护者）用三叶草（爱尔兰国花）向可能成为爱尔兰天主教徒的人阐明"三位一体"以来，绿色便成为反新教的象征（新教崇尚橙色）。和三叶草一样，绿色代表着"爱尔兰人的好运"。

美国的货币也是绿色的，不过这纯属巧合。美国内战期间，绿色涂料被用作一种防伪措施，引入美元的生产印刷过程之中。内战结束之后，美国造币局继续使用绿色的印刷涂料，声称"绿色墨水色彩丰富、耐用，而且具有稳定性"。

绿意盎然，丰饶多姿

设计绿色的配色方案，应该从你最钟爱的自然环境开始，想象一下你希望在家中何处营造出相似的氛围。绿色的色相多变，而我最爱的是薄荷绿、沙绿色和海绿色。这些彩度的绿色会将你从柔美轻盈带往深沉肃穆，而你也会获得更具层次感的配色灵感。如果你一时手足无措，不知该如何在家居中融入绿色，那就从柔和的彩度着手，并将它逐步加深。

让我们仔细看看，如何将柔和的绿色作为基调色。薄荷绿是不错的背景色。不论是纯正的薄荷绿，还是更偏鼠尾草灰的绿色，均可使用。搭配柔和的奶油色和沧沙色，可保持色彩的自然感和坚实感。若你想拥有沉静及沙滩般的细腻触感，可尝试各种柔和的绿色。多数情况下，我们还需要引入深色加以对比。

在这里，我使用了趋近黑色的深绿色。配图显示出调整比例会改变配色方案的整体意象。若使用较深的海洋色时，更添几分秋韵，也更显舒适。当柔和的彩度成为焦点时，绿色便化作沙滩和微风，而蜜桃色和柠檬色的加入，更显诙谐幽默。基调色烘托出空间的自然氛围。上述配色方案的用途十分广泛，你可以在家中的任何地方进行实践。

● 你对绿色有何特别的回忆？你能说出绿色的不同寻常之处吗？

● 在你的旅途中，可曾有绿色出现？

● 你会把绿色和过往的某个地方联系起来吗？

与绿色相融相生

绿色可以焕发青春，恢复活力。绿色虽多属于冷色，却具有勃勃生机。在家中放些植物，就可以将绿色带回家，简单便捷，自然而然。我酷爱植物的不同纹理：边界模糊的、光泽水润的、蜡质丰厚的、干燥褶皱的……我们很难完全模拟自然界的复杂色彩，因而拥抱自然便成为上佳选择。

如果你想将更加蓬勃张扬的绿色引入空间，又希望它舒适宜居，可以考虑运用单色的不同色调增加层次感，仿佛在森林中徜徉。如果你涂刷了绿色的墙面，那么在书架上摆上几本书籍或是艺术品，就可以冲淡绿色。

如果你想要寻找色泽丰润、深沉内敛的绿色，别致的军绿色是个不错的选择。它是理想的中性色，可让你灵活运用，如臂使指。略带褐色的橄榄绿会与自然融为一体，可以用来代替灰色和褐色。

用绿色进行装饰

耳目一新

绿色可以保持青春活力，这和淋浴间让身体恢复活力的作用不谋而合。尝试在淋浴间里使用一些小巧简洁的物品，例如在花瓶里插上几枝尤加利叶吧。芳草会唤醒绿意，瓷砖也可以让绿色蹁跹起舞，为淋浴间增添活力。简能而任，择善而从，朴素的几何图案，以及缀有珠宝色泽的简洁手绘图案，都会是不错的选择。

室内花园

温室花房也可以在家中再现。你可以抱几盆植物回家，张扬其自然之色。如果你不擅长园艺，那就选择耐寒耐旱、适应性强的植物，例如虎尾兰，或者选择有葡萄藤蔓的壁纸和织物，抑或自成一派葱郁景致的风景画。可考虑搭配鼠尾草绿丝绒、温润的玉色陶瓷、柔和色调的羊绒织物以及亚光的松木绿涂料。我们拥有无限的可能（请谨记：材质至关重要，详见第 23 页）。

柔情薄荷

倘若你在寻找一种中性化的绿色，那么薄荷绿便是上佳之选。正如一抹淡黄色便能如阳光普照，薄荷绿也将带来清雅微妙的意象。这种清淡色调润物无声，就像光亮照亮了空间。

意外惊喜

我们总是认为，卧室应该是蓝色的，但其实绿色也是自然舒适的选择。试想一下你会用到蓝色的地方（详见第 102 页），并尝试将绿色作为焕然新生的备选方案。和蓝色相比，绿色显得更为不可思议，但同样会让人有平静之感。如果你钟情于蓝色，也可以选择带有更多蓝色的绿色。

明亮之绿

蓬勃的绿色会让房间充满活力。当你尝试使用更加明亮的绿色时，请一定保持绿色的奢华感。对涂料来说，可以选择绿色含量最多的那一款，少量涂刷，但要极富冲击力，例如用在窗户周围的点缀物上。应选用饱和度高、有厚重感的色调，而非单调暗淡的色彩。另一种营造视觉冲击力的方法，就是展示一件物品的多个部分（就像我的伯祖母佩戴的绝美翡翠），或者在开放式架子上摆放绿色的玻璃器皿。

蓝色系：

冰蓝色、海蓝色、藏青色

蓝色广阔无垠，清凉舒爽，充满了无限可能。它的含义广泛——清净、和平、自由，都由它来代言，其本身永远在变化之中，如同大海的颜色一般变幻莫测。有时候，它沉静安然，怀抱着柔和的海浪；有时候，它阴沉肃穆，布满了细碎的浪花。

小时候，我住的房子和海滩不过 15 分钟的路程，很多时候我都会坐在海边看海浪拍打海岸。在世界的不同地方，海洋拥有着不同的色彩，它可以是明亮的宝石绿，也可以是更加深邃忧郁的蓝色。这大概就是我发觉色调的根源之地。我热衷于寻觅有条纹的色彩和光影的变化。在家中铺陈蓝色，便是对海洋的华美致敬。从瓷器上的经典青花，到绣球花的舒悦之蓝，再到天花板上的天蓝，层叠的蓝色贯穿古今，激励人们仰望星空，追逐梦想。

回念蓝色逸事

在人类历史早期，蓝色默默无闻。这似乎有些匪夷所思。曾有研究表明，自第一次世界大战以来，蓝色一直是全世界最受欢迎的色彩，但在经典史诗《伊利亚特》和《奥德赛》中，它却从未出现过，而且在早期基督教著作中，也难觅蓝色身影。天空和海洋通常被认为是蓝色的，但这种色彩也在不断地产生变化。因而，将"蓝色"作为"概念"固定下来，需要相当长的时间磨合。不过，在后续的艺术作品中，圣母马利亚经常身着蓝色长袍，代表恬静安宁、圣洁至善、温文尔雅。

尽管古埃及人对青金石的蓝色珠宝光彩青睐有加，但直到 1826 年人造群青（天然群青，由极其昂贵的青金石制成）的出现，画家们才有机会将这种娇丽的蓝色作为绘画的颜料。然而，即使在那时，也只有富有的主顾才能接受如此高昂的价格。许多商人和艺术家都在寻找更加廉价的颜料原料，但具有讽刺意味的是，在 1706 年，柏林一位名叫迪斯巴赫的炼金术士买到了劣质钾碱，在那些杂质当中，他阴错阳差地发现了一种蓝色颜料——普鲁士蓝。

从此之后，蓝色便在欧洲各地的艺术家当中流行起来。艺术家毕加索对它尤为喜爱，在他最著名的"蓝色时期"，普鲁士蓝是他的最爱，此外他也会运用其他与天蓝色相似的蓝色色调。毕加索之所以会选择这种忧郁的绘画色调，据说是因为他沉沦于好友之死的悲痛中。尽管"无精打采"（feeling blue，直译为"感受蓝色"）一词的来源无据可考，但我们知道许多其他可供联想的起源。例如，"皇家蓝"起源于为英格兰的夏洛特皇后所举行的服装设计竞赛。"忠贞不渝"（true blue，直译为"真蓝"）一词起源背后的理论都与一致性相关，无论是恒定的天空还是蓝色颜料，都不会褪色或改变。"蓝色筹码"则源于一组简单的扑克筹码，在红、白、蓝三色之中，蓝色代表了最有价值的筹码。

"蓝血"背后的故事可以追溯到 1492 年。在西班牙宗教法庭掌管宗教事务期间，天主教的统治者、西班牙国王斐迪南二世和王后伊莎贝拉大权在握，他们强迫犹太人和穆斯林人在皈依天主教和逃离西班牙之间进行抉择。这些异乡人通常是北非后裔，因而他们的肤色比欧洲人略黑，而在欧洲人的白皙皮肤上，蓝色血管清晰可见。不过，有关"蓝血"的描述首次出现于 1809 年，它最终成为贵族的代名词。

蓝色牛仔裤却和"蓝血"恰恰相反，它为勤劳的矿工和牛仔服务，是一种坚韧耐磨的织物。原先，蓝色的牛仔裤多用天然靛蓝染料漂洗染制，染料则由各种色彩美丽但性质并不稳定的植物制成。现在，大多数的牛仔布料使用合成靛蓝进行生产。要制作纯正靛蓝色彩的工艺仍然复杂，过程艰难，现今仍由全球少数娴熟工匠所掌握。

晴空畅想，蓝海倘徉

多数情况下，蓝色是中性色；深色调的蓝色，例如藏青色，可谓百搭。相比于黑色，我更喜欢藏青色，因为它张弛有度，更富活力。冰蓝色和海蓝色也是我非常喜爱的色彩。

让我们一起探索，创造出柔和的中性背景色。冰蓝色清凉爽快，带来内敛沉静之感。可引入温馨的奶黄色，以及藏青色和锈褐色，用于活跃气氛，避免空间过于沉闷单调。用这些柔和色调，再辅以较暗色调，共同绘出房间的中性背景色，幽韵暗生，冷然出尘。你甚至可以在木地板上使用深沉厚重的蓝黑色，或者铺上深色调地毯。墙壁上的冰蓝色娇柔美丽，犹如冷艳的白色。

接下来，欣赏蓝色更为豪放的绝佳搭档吧！蓝色是一种恬静美好的中性色，但它同样刚健有力，可以平衡番茄红等明亮色调。你可能会认为红色、白色和蓝色的组合十分传统，但是如果选用这三种色相的不同彩度进行搭配，这种顾虑便可以烟消云散。你可以选一点栗色，配一点橘红，按照比例搭配，并尝试加入天蓝色与温和的橙色，再加入少量的土灰绿和藏青蓝。

蓝色可以轻松营造整个空间的氛围，成为搭配其他色彩的良好基调色。对卧室和浴室等相对安静的地方来说，柔美雅致、清新脱俗的浅蓝色会是不错的选择。个性张扬、简洁有力的深蓝色，会是门廊、化妆间和客厅的完美选择。如果你还想搭配其他色彩，可以取一些涂料色卡，把它们放在这一页的旁边，仔细观察色彩的变化。

- 蓝色给你带来了哪些快乐回忆？

- 在生活中，是否有人会让你想到蓝色？

- 对你来说，蓝色是怎样的一种色彩？说起蓝色，你首先会想到什么？

与蓝色相融相生

人见人爱的蓝色时常出现在家中。大多数人会觉得，蓝色给人带来舒适感，这也是蓝色成为常见家居色彩的原因。探索蓝色带来的所有情绪，并将这种熟悉的色彩推至不同的范围吧！

自然界中，蓝色无处不在，你在家中也可以欣然效仿，但要谨记一点：天海之蓝，不尽相同。在可能出现黑色的地方选用深色的午夜蓝，或是用蓝灰色代替灰色。可运用蓝色的不同色调，或用它勾勒门框、涂刷书架。尝试一些不同寻常的手法，例如在灯罩内部涂上铁蓝色，这样只有在亮灯时，才会出现蓝色。把不同色调的蓝色放在一起，观察色彩的明度和彩度。

可延展蓝色的范围，推至绿色与紫色，也可使用多种色彩表达蓝色所带来的意象。模糊边缘，然后融为一体。回顾、探索，再出发。

用蓝色进行装饰

仰望星空

将天花板涂成蓝色，仿佛我们所见的天空。建议使用亮光饰面，我喜欢这一妙招。在美国的南方腹地（指美国最具有南方特点、最保守的一片地区），尤其是佐治亚州的萨凡纳、南卡罗来纳州的查尔斯顿附近，那里的房屋年代久远，历史悠长。许多人会把门廊的天花板漆成一种特殊的色调，并称之为"海恩特蓝"。这是一种柔和的蓝绿色，用以抵御恶灵"海恩特"。将它用在室内的天花板上同样有效，能够传递出置身室外的感觉。

哀而不伤

浓郁深沉的蓝色正如午夜宁静的蓝天。感受它的广阔，体会它的舒欣，就好像是在夜晚游泳、观星。这种色彩适用于小空间。你或许会担心蓝色是冷色，但是深蓝色可以凸显空间的安逸舒适，赋予房间更多意义。

安详休憩

可使用典雅多情的蓝色，营造安闲惬意的卧室。想象一下洗尽铅华、磨光棱角的蓝色，如在云端悠游，随后酣然入睡。将地板铺成接近灰色的深蓝色，这种绝美的中性色，清新宜居，平易近人。

个性张扬

若你对蓝色爱不释手，可以选择卓尔不群的钻蓝色，用一沓书本或是一摞捆条来展现个性。提高蓝色的饱和度之后，将带来意想不到的惊喜。若想进行喷涂，一定要选择高品质的涂料，尤其是在大面积喷涂的情况下。

重温传统

蓝白相间的青花瓷经久不衰，我经常使用并喜欢收集各类作品，不论其新旧程度如何，混搭后总会孕育出新鲜事物。接下来你将看到的，便是经由这种新旧交叠之后，由传统配色方案激发出的勃勃生机。奶油色的地面和纯白色的地面，手工陶瓷和精致骨瓷搭配摆放，相得益彰。

紫色系：

丁香紫、暮色紫、午夜紫

紫色是一种忧郁而复杂的颜色。当夕阳西下却尚存几缕微光之时，黯淡的风景对我来说便是紫色的；我也总把房间里的阴影看作是紫色。莫奈说，这是大气的颜色。紫色看上去就像是晶莹的宝石，而它因此也成为一些皇室的传统颜色。它还常与未知的魔力和神秘事物联系在一起。

我从未想过，自己竟会爱上紫色。小时候，紫色是我母亲的最爱，她也喜欢薰衣草的香味和色彩。我对紫色的记忆细腻而琐碎，现在又将紫色和母亲联系在一起：紫色的上衣、窗边小盆里的紫罗兰、大花园里的紫丁香。

我第一次使用染料漂染织物时，突然发现，那些吸引我的色彩原来都和紫色如此接近，从略带淡紫色的灰色，到紫色底色的深蓝色。我这才意识到：自己在无意之中，早已投入紫色的怀抱。我们似乎很容易错过这种梦幻般的柔和光泽：烟紫色、茄子或贻贝壳上的丰润紫色。它们广布于我们身处的世界，其丰盈程度远超你我想象。

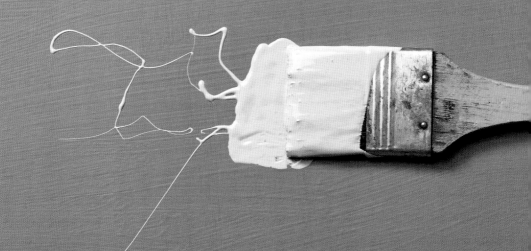

回念紫色逸事

紫色是一种神秘而缥缈的颜色。按照古希腊人的说法，神话中是腓尼基人的天神梅尔卡特发现了泰尔紫。紫色染料最早产自一种多刺海螺，这种海螺生长在地中海地区，名为"染料骨螺"。当时紫色染料的制作费时费力，造价高昂，为了一件紫色的衣服，需要使用成千上万只海螺。它们的躯体脱离骨壳之后，鳃下的腺体被一根根提取出来，再把腺体所分泌的黏液一一排净，最后放在阳光下暴晒。海螺黏液需要在变成紫色之时，从阳光照射的盆中取出，不然就会变成红色。因此难怪紫色会成为皇室、贵族以及奢侈的专有名词。事实上，泰尔紫与银器同样珍贵，在公元 1 世纪，唯有古罗马的皇帝尼禄才有资格穿戴紫色衣物。在古罗马时期，将军们穿着紫色和金色的长袍，而后来的大主教、骑士、参议员和其他贵族也会身披紫衣，作为荣誉和地位的象征。

骨螺们十分幸运，泰尔紫的配方在罗马帝国灭亡后，深埋了几个世纪之久，直到 1856 年才再次出现在公众面前。当时一位名叫威廉·帕金的年轻化学家在一次失败的实验中，意外地在皇家化学学院发现了这种颜色的人工合成法。他将这种紫色称为"苯胺紫"（mauveine），源自法语的"锦葵花"（mauve），从那以后，紫色的生产变得廉价起来，并得到了广泛使用。

紫色始终与富裕和崇高的荣誉联系在一起。乔治·华盛顿于 1782 年为纪念军事英雄而颁发的"紫心勋章"，如今依然戴在美国退伍军人的身上。在歌曲《美丽的亚美利加》中，全美国的小学生们都歌唱着"巍巍群山"（purple mountain majesty，直译为"巍峨的紫色山峦"）。在语言学界，"烦冗华丽的散文"（purple prose，直译为"紫色散文"）一词代指辞藻华丽而又铺陈烦冗的写作形式。

紫气东来，富丽堂皇

想创造出紫色基调的适宜配色，需要事无巨细，悉究本末：在空间中恰当地使用明度、色调、彩度和适宜的材质、纹理进行修饰。请谨记：紫色不必过于饱和、过分浓艳，而应深沉内敛、大气洒脱。你也许会发现，在一个狭小的空间里或是彰显个人风格的地方，若使用饱和的紫色色调，看起来恰到好处、栩栩传神。丁香紫、暮色紫和午夜紫是我所偏爱的深色调紫色。它们的功能强大，与自然联系紧密，能够产生强烈的情感共鸣。

紫色是浓烈的，正因如此，我将着重分析中性色对此所产生的影响，这有助于把控整个空间氛围，构筑配色基础。随着时间的不断推移，还可以在此基础上叠加更多色彩。

紫色是冷色，将它与冷色系中性色搭配，会营造更柔和婉转的意象。如果你选择了灰色、白色或是亚麻色（用途广泛，材质多样，色彩介于暖色和冷色之间）为基础色，可以用柔美、淡雅的紫色营造出漫步云端的缥缈感。石头、大理石，以及浅紫色的玻璃都是理想的搭配材质。此配色方案通透明朗，缥缈出尘，如入仙境。柔美的灰色调会使紫色更显雅致。

你可以搭配暖色系的中性色，例如沧沙色、黏土色、咖啡色、灰褐色以及亚麻色调，用于平衡紫色的丰润质感。紫色和黄色是互补色，因此紫色在温和的中性色调中会突显黄色。你也可加入更多的中性色，例如暖棕色和暗红色，丰富的色相有助于平衡紫色。第一种配色方案十分柔和，冷色调的中性色冲淡了紫色；第二种配色方案也很出彩，暖色调的色彩张弛有度，相互制衡。

- 你认为紫色具有怎样的芬芳？

- 四季中，哪个季节拥有更多的紫色？

- 你如何构思中性化的紫色？

与紫色相融相生

紫色看上去十分强势，但事实上它同样适用于家居配色，可为房间增添更多激情，也能营造出如梦如幻、沉静安然的氛围。为了避免紫色空间显得过于阴柔或者繁复（除非是有意为之），可将其与大地色调相搭配。明亮的紫色可搭配温暖的原木色调、赤陶色、赭色和灰褐色，以此进行平衡。自然色调平衡了紫色的丰富度，并有助于保持其基调色，尽显沉稳。它们会让人想起连绵起伏的群山。我会想到秋日里的紫色山脉，以及群山映衬下的金色田野，自然安逸，舒适惬意。

你可选用偏灰的紫丁香色，并探索和拓展紫色的范围。当你不确定选择何种色彩时，尝试色环上的相似色。具体来说，此处便是蓝色和红色。若你对蓝色爱得如痴如醉，可以考虑使用含有较多蓝色的紫色，或者取对应半环，使用含有较多红色的紫色。探索某种色彩的范围，将有助于拓展色彩思维。蓝紫色为单调的蓝色房间增添了深度，注入了惊喜。红紫色则延展了温暖空间的深度——即使是浅浅的胭脂红。通过对比，我们可以创造出意趣盎然的家居配色。

柔美别致、淡雅脱俗的紫色，可带来美丽迷人、空灵通透的意象。紫色可与仅比白色略深的色调，或者是饱含灰色的色彩搭配。这样一来，灰色就不会显得过于强势。我着迷于彩度，也经常将之应用于配色方案中——尽管并非将此作为紫色色调处理。舒心宽慰的紫色会让人放松下来，又不像蓝色那般饱含期许，因而适合卧室。柔和的紫白色图案也许是不错的选择。

用紫色进行装饰

缓缓起步

如果你希望将紫色慢慢引入家居空间，不要面积过大的话，可从一些小物件开始，例如淡紫色的兰花。驾轻就熟之后，你甚至可以将浴室粉刷成紫色，在小空间里，紫色拥有迷人的风韵。从薰衣草色中我们得到启示，大面积使用紫色时，它温和别致、柔顺内敛。淡紫色的透明窗帘（或百叶窗）能给房间带来梦幻般的光影效果。

亲近色彩

你可以想象一下茄子上的深色调紫色，并试着搭配。这种暗色调并不会让紫色显得过于强烈，却能成为丰富空间色彩的绝佳方式。同样地，午夜紫也适用于卧室、卫生间、浴室和书房。

编织紫色

将紫色纤维编织到织物当中，会使之感觉更加自然。它是立体的、有纹理的，并且容易与其他颜色搭配。就像小标题所说的"编织"，去找寻含有紫色纱线、混合其他色彩、带有纹理的装饰织物吧！

刻意留心

紫色能够激发灵感，使人思维活跃，因而适用于需要动脑筋思考的地方，比如办公室、瑜伽室，或者是冥想之地。引入紫色的方式十分简单，例如在桌子上摆放一块紫水晶，它被认为是一种治愈性的"灵石"，能够让人摒除杂念，净化心灵，因而十分有名。

重新诠释

搭配一抹紫色就可以成为房间的点睛之笔。若你选用大胆的色彩（例如紫色），可以将它引入更为传统的场景中去。例如，考虑一下彩色镶边的古典床上用品，搭配上色泽丰润的紫色，这种经典配色方案会让人耳目一新。若某处的中性色略显单调，可考虑使用紫色，以调节枯燥乏味之感。

走进色彩

第一步

回顾。花几分钟时间，记下你对每种色彩的不同看法，以及你看到相应色彩的时间和地点。

第二步

写下你对色彩的感受。探索个人的色彩联想——相由心生，境随心转，斑斓色彩因个人感觉不同而奇妙莫测。

第三步

可在家里的某个位置，摆上一个有颜色的小物件，这种色彩需得你欢心，但目前没有在家中使用。注意它与其他色彩之间的搭配，以及它带给你的感觉。带着它四处转转，摆在家中的不同位置，以激发创造力。

LIVING
COLOR

4 融合色彩

臻美修缮

艾米莉·巴特勒（Emily C. Butler）
室内设计师、软装设计师

艾米莉是得克萨斯人，在肯塔基州的农村度过了童年时光。她继承了父母对工程项目的喜爱、修缮房屋的热情，以及对家庭的自豪感。"我的父母把舒适的居住环境看得很重，"艾米莉说，"我对此非常感激。"

2016年感恩节前夕，在历经6周的装修之后，她和丈夫乔纳森·肯普搬进了位于皇后区杰克逊高地的公寓，在此期间，她激发了无数家居装饰灵感。这里的标志性建筑如今已达百年之久，夫妻俩住在这片优美迷人、历史悠久的街区，感到无比幸福。"不是每个人都喜欢这种有历史渊源的战前公寓，"艾米莉提道，"但是它魅力无穷。"他们买下这套公寓的时候，公寓的状况不佳，相关维护也跟不上。于是她开动脑筋，将注意力从脏乱的表面转移到了精巧的内部结构上，幸运的是，大部分的房屋细节仍然完好如初。

艾米莉决定相信直觉，她把室内所有的门框都漆成了番茄红色，并开始构建自己的配色方案。"我从不认为自己是个红人，"她说，"不过因为种种原因，我觉得这个公寓很合适红色。"她一开始设想把客厅的墙壁刷成蓝色，把卧室的墙壁刷成薄荷绿色，这样红色有助于中和冷色调。同时，红色也与挂在一旁的镶嵌画（克莱·麦克劳林的《黄色垂柳梦》）相得益彰，她非常喜欢这些画。她补充道："我决定如果改变想法，例如想给房间换个颜色，那就大步流星地继续推进，就和画画一样。"最终她发现，大胆的尝试获得了令人满意的效果，"如此一来，便有了这些看起来很疯狂的红门"。

艾米莉钟情于色彩，她觉得选择每一种强烈的色彩都是如此的个性张扬，以至于根本不会考虑淡雅的中性色。相反地，她倾向于在小空间里使用较深的色彩，以此强调空间的舒适性；而在大空间里则使用较浅的色彩，以达到通畅的流动之感。在全新的空间中，她变得务实，利用现有物品进行装饰，同时她依然怀揣梦想，并列出了一份心愿单，计划买些织物和家具。"这是个快乐的过程，即使我不会买清单上的所有东西，但这会让我重视已拥有的物品和心爱的东西。"她如是说道。

色彩搭配

艾米莉所选取的配色方案虽然传统，但色彩运用得当，让人眼前一亮。她的家选用了经典的红、黄、蓝三原色配色方案，但在具体的色彩搭配上别出心裁，堪称典范。这些色彩不会让人心烦意乱，相反会让人从容不迫。

柔和的蓝色墙壁如同天空般自然，饱经风霜的金黄色与空间中的淡黄色、浅橙色、原木色和金色等暖中性色搭配，相得益彰。从淡淡的楠塔基特红到浅浅的石蕊红，不同色调的红色都突显了红门，使之更为醒目。门上的红色蓬勃昂扬，充满活力，生机盎然，张弛有度。深色调的红色色泽美丽，有助于家居色彩的过渡。此外，她使用不同色调对空间进行装饰，让整个房间显得更加自然，张扬却不张狂，个性却不任性。她在走廊区域使用柔和的红色，并在其他房间里搭配适宜的色彩，使门与客厅之间遥相呼应。

优雅的走廊

纽约的公寓看起来就不大，居住空间也很狭小，但通过精妙的布局和巧妙的设计，会让家居空间在视觉上宽敞许多。

走廊空间看起来狭小，将墙面刷成经典蓝色，与红色形成了互补，营造出沉着持重、典雅优美之感。这种色相虽是中性色，却因红门而显得尤为突出。它与客厅柔和的蓝色墙壁相呼应，营造了整体空间的统一感。

明媚的厨房

艾米莉热情好客，她家厨房就是最好的写照。厨房多用中性色，虽以灰褐色壁纸为底色，却依然晴朗明媚，金光普照。棕黄色的椅子、金黄色的柠檬，烘托出灿烂明澈、温暖宜人的氛围。这些金黄色也衬托出客厅的色彩氛围。加入点点黄色，使灰褐色、金色和暖中性色变得金碧辉煌、如日朗照。从艾米莉的厨房不难看出，小空间即使不选用明亮的色调，也可以获得明亮通透感。

沉静的卧室

客厅的色彩延续到了卧室，显得愈加沉静，更具有治愈性。将红色作为点缀色，如红色外壳的闹钟、点点柔红的床单，以及深色实木家具，都与红色相统一。

正如你所见，艾米莉用绿色取代了黄色，薄荷绿的台灯，附以周围的点点绿意，营造出更为平静安宁的空间氛围。我们通常认为，卧室应该安恬宁静、元气饱满，而卧室中的色彩搭配也与整体家居的色彩息息相关。

灵光闪现

为激发灵感，艾米莉仔细研究了设计同行的作品、家居大师的范本。"印刷出版物让我百看不厌，"她笃定地说道，但互联网也是不可思议的交流平台，可以交流思想，缔结友谊，共享资源。

她的书桌上摆着一块用于收集灵感的色彩情绪板，而在一旁的书架上，堆叠的书本又成为展示色彩的舞台。她认为，在整个设计过程中，需要花时间去浏览、成长和发展。她建议所有准备装修新屋的朋友要"永远谨记，家居装饰绝非一蹴而就，创造佳作需要时间"。

个性创造

- 使用单色的不同色调、明度与彩度，重新构思单色的配色方案。

- 留心色彩的过渡，借助色彩的渐变使小空间显得更大。

- 漆一道红门。

- 在现有的配色方案中，为不同房间做出巧妙的改变。突出强调色，可以改变整体空间氛围。

- 淡淡的灰褐色和中性色搭配少许黄色，房间便如阳光朗照，温暖怡人。

花海徜徉

露西 · 哈里斯（Lucy Harris）
室内设计师

对设计师露西 · 哈里斯来说，祖母的花艺技法可谓炉火纯青。"在搭配花园里那些高矮不一、色彩各异、风格迥异的花草时，我奶奶总有独到之处。"露西说，"例如她在七月种的虎皮百合，在冬天养着的常青树，还有在春天盛开的花枝。"

看着这些不断更迭的组合，露西理解到：除去色彩，肌理、形状和季节也会对这些花束产生影响。"祖母是一名艺术家和家具设计师，她大胆前卫，无所畏惧。"露西说。

而现在，她对祖母花艺造诣的回顾、避暑别墅的记忆，无不生发出积极的色彩联想：碧蓝的天空、幽深的溪水、充满绿意的树木，以及砖红色的建筑。这分记忆还散发着黄杨木的芬芳。

艺术性绘画

为了避开常规的配色方案，获得色彩灵感，露西转向艺术。"在艺术领域，色彩的运用更加独特，组合也更加自由。我对约瑟夫·亚伯斯和大卫·霍克尼的忧郁蓝色充满期待，也追逐着乔治娅·奥·吉弗的冷暖融合。"露西说道，"我发现，法罗和鲍尔（Farrow & Ball）家的涂料至关重要。"她建议打算装修新房的屋主：不要只考虑白色的墙壁，可以尝试运用更细腻、更微妙些的色彩。她不推荐使用过于暗沉或饱和的色彩，而是选用偏中性色的涂料，例如法罗和鲍尔品牌的 285 号克罗默蒂色或 22 号浅蓝色。"我上次装修就使用了这两种涂料颜色，非常喜欢。"她说，"在这两种色彩的映衬之下，艺术品和家具都会变得惊艳起来。"

意外的选择

当你对意想不到的色彩敞开心扉时，便可以获得诸多惊喜，如同这所别致的居所一样。它将柔和的色彩与明亮的色调结合起来，精致美丽，堪称范本，诠释了柔和色调与明亮色调的完美搭配。

柔和色会让人联想到复活节，或者是 20 世纪 80 年代的过时外观，但通过巧妙的搭配，整体焕然一新，极具现代时尚感。在设计时，露西以"切尔西公寓"的工业元素为出发点，并综合考量了房屋的时空因素。随后运用精妙绝伦的色彩，使得整个空间既舒缓怡人，又充满活力，同时为家居空间注入了现代都市气息。

奇妙的卧室

卧室里的壁纸斑斓多彩，赋予了房间独特个性。在主卧室中，黄色和紫色运用得当，相得益彰。尽管黄色很难与紫色搭配，但露西却对此驾轻就熟。可以看出，在对屋内物品进行摆放时，露西进行了精心的空间构图设计。她选取了吸睛的物品和材料，让空间更显明亮清朗，活泼灵动。

客房里张贴的花卉壁纸，让宾客如入神秘花海，卧眠于盛放奇葩之下。此空间中的色彩雍容华丽，振奋昂扬，色彩浓烈，大胆豪放。黄色的浮球灯镶在墙上，勾勒出几笔梦幻，柔和的灯光温暖了空间。在每个房间里，露西都陈列了一些充满惊喜的小物件。彩绘床头柜卓尔不群，她还用床边的饰品进行烘托，妙趣横生。卧室中的巧妙构想和斑斓色彩，将你带往梦中之国。

个性创造

- 用淡雅柔和的色彩中和更明亮、饱和的色调。

- 搭配合成树脂、黄铜和软木等材质。

- 明亮的黄色会使卧室看起来阳光明媚。

- 局部使用壁纸。效果虽不如整面壁纸那般强烈，但也会带来一定的视觉冲击。

餐厅的艺术气息

餐厅小巧玲珑。露西选择了柔和的紫色和豆沙绿，为空间点染出几分微妙的流行色彩。艺术挂画的红黑线条更细微地衬托了这种感觉。

在工艺品和照片的选择上，露西眼光独到。她会利用这些有趣的雕塑作品吸引眼球，以自然的方式将它们与空间巧妙结合起来。她对细节一丝不苟，室内设计同样精雕细琢，仿佛这些设计本身也是艺术品。

她还强调物体的结构特征。她慧眼如炬，巧手搭配。餐椅仿着挂画中线条的形状，蜿蜒出优雅的弧形。露西充分发挥了这些艺术品的独特品质，很好地诠释了如何用这些非比寻常的艺术品装点家居。目之所及，新意不断。材料的选择也很重要：软木凳子、拼图陶瓷，以及灯具，都是精心之选。

炫彩生活

沙南·坎帕纳罗（Shanan Campanaro）、尼克·乔卡纳（Nick Chocana）

埃斯卡耶壁纸、织物与地毯设计师

对沙南·坎帕纳罗而言，色彩即生活。她是布鲁克林纺织设计公司埃斯卡耶（Eskayel）的创始人。她不仅将色彩视为日常原创作品中的图案，也让它们成为家居生活的重要组成元素。

沙南和丈夫尼克·乔卡纳一起居住在布鲁克林的威廉斯堡。她来自加利福尼亚州（以下简称加州），是圣地亚哥人，想要在家中体现自己的海滨居住美学。也就是说，她会将这个 1905 年曾作为纽约建筑师办公室的半居住半工作空间，变成一处结构完善的家居空间，营造出永不落幕的夏日海滩度假风情。

为了保障空间舒适、干净和通风，她选择了富有质感的织物、白色的墙壁和层次丰富的意象，如同柔软的海浪，层叠交替，此起彼伏。随后，她又把目光投向了绿色植物。幸运的是，宽敞的飘窗带来了充沛的阳光，有利于植物茁壮生长。

最后，她选择了能令人联想起海洋的色彩和天然材料，其成品令人叹为观止；放眼望去，房间里充盈着靛蓝和洋蓝，蓝绿色和绿色交叠，并加入鼠尾草绿、蜜桃色和暖白色，以及与它们对比鲜明的黑色，层层沉淀，荡漾出繁复的深海景致。

给人安全感的空间

沙南力劝装修新房的朋友，不必过于担心色彩搭配——假如你拥有（或是正在学习）一套心仪的、视觉效果强烈的色彩组合，大胆使用它，这些配色会与空间珠联璧合、相得益彰。她承认，作为一名纺织品和壁纸设计师，她很难从自己的作品中选出一个最满意的，并放到家里使用。不过，她为自己的家居空间专门设计了一张地毯，计划从一开始就铺上它。

对那些有选择困难症的人来说，沙南建议可从地面开始，先用地毯把空间的色彩确定下来，为家居装饰打下坚实的基础。

色彩的调性

在很小的时候，沙南就在绘画课上爱上了色彩，并和它结下了不解之缘。她觉得色彩在家中要恰到好处地出现，而尼克也对此欣然接受。她使用不同明度、彩度、色调的色彩进行装饰，再零星点缀些中性色加以平衡。

举例来说，他们最近购置了一个绿色的大书柜，并摆放了许多植物作为中性过渡色，进而淡化了薄荷色。她舍弃了用红色和橙色的渐变来衬托蓝色的想法，转而运用绿色、蓝色渐变，营造出平静的氛围。同时，她选用中性互补色，例如书架上淡雅的橙色书脊，让空间更显温和雅致、幽韵暗生。

清朗的餐厅

沙南和尼克钟爱购买老式家具，并搭配自家织物进行翻修，营造出别致的个性风格。他们的餐椅便是如此：外形独特，成为用餐区的视觉焦点，再配上冲浪板，在习习微风之中，仿佛有一股海洋气息扑面而来。椅子上的图案给房间增添了不少动感与活力，为家庭烹饪和休闲聚会创造出开放空旷、积极热情的空间氛围。冲浪板下面采用柔软、中性的互补色，恰与客厅的橙色书脊遥相呼应。

总体而言，由办公空间改造成结构合理的家居空间，这一转变浑然天成而又鼓舞人心，活力满满，正像这个家的主人一样。

以手绘我心

布里特·祖尼诺（Britt Zunino）
DB 工作室室内设计师

布里特·祖尼诺和她的丈夫达米安（Damian）秉持"为居住者的个性真我打造房屋，而非展现设计师或建筑师的风格"的原则，共同创建了 DB 工作室（Studio DB）。

尽管布里特和达米安会用自己的眼界传达空间设计的视觉效果，但每个项目都能彰显客户的个性需求。他们认为，设计工作是为空间创造出某种聚合愿景，并在编排整合的同时，增强其中更为积极的一面。

在着手设计空间时，他们向客户提出的最重要的问题便是："你最喜欢什么颜色？"然后还会询问客户对房间需求的种种畅想。例如，你希望房间是富有动感、欢快的，还是肃静安然、抚慰人心的？若设计包含以上所有内容，他们便须找到一个串联家居空间的主题。一般而言，色彩常会成为主角。

强调色

第一次拜访的客户是一对可爱的南方夫妇，请他们翻新一套位于纽约市的公寓，他们讨论的中心话题是为屋主、两个孩子和一条宠物狗设计实用的家居色彩。"色彩决定了空间的气氛。"布里特说，"涂上一层涂料，或者摆上一种全新的装饰织物，整个房间的观感便将随之发生改变。"客户想要得到更轻盈、明亮的空间，不希望使用嵌入式的照明，要求房间与房间之间的动线流畅。

对布里特来说，这意味着既要保持每个房间的独特性，又要对空间进行更好的整合。布里特说："我们一开始将旧公寓的色彩进行了削减，引入了更明丽的中性色调，但实际上这一切都要追溯到一幅令人叹为观止的帝家丽（de Gournay）手绘壁画。"这幅壁画悬挂于餐厅之中，它是配色方案的主旋律。"把它作为起点，有些不可思议。"布里特补充道："不过我们需要一个出发点。"

布里特建议，对打算翻新家居空间的人而言，可以使用艺术思维来设计配色方案，并吸收建筑元素和户外元素。"我喜欢用冷色搭配较暖的原木色，"她说，"我们在北部的房子就像个玻璃屋，须考虑外部环境的影响。"她从自然和时尚中汲取灵感，永远徘徊在一个新鲜但不过分追逐时尚新潮的空间之间。因此，她十分强调空间的个人品味，房间设计应该体贴入微，通过色彩的整体搭配、环境的全面布局，带给房主开心愉悦的感觉。"喜欢它，就拥有它，"她建议，"色彩品味也会因此发生变化。"

丰盈

布里特为客户挑选色彩、设计色彩，她乐于研究人们对色彩的自然反应和文化反馈。她说："这非常复杂，我很想深入了解。"尽管她知道，当客户想要一间平静的房间时，她会使用蓝色等冷色带来沉静安详之感；但她也意识到色彩是个性化的，她必须探索客户自身的色彩联想，以便了解客户期望拥有和自己设计的房间之间，究竟会产生怎样的关联。

她痴迷于心理学，这可以帮她挖掘客户的真实需求，因为我们过往的某些经历会影响我们对特定生活环境的渴望。她补充道："我们对空间中的色彩会产生非常情绪化的反应，我觉得这很有趣。"

织物恋语

莫里·威克利（Mauri Weakley）
科尔耶家居店店主

从旧货服装店到跳蚤市场，再到房地产买卖，莫里·威克利的灵感来源于旧物翻新。这一点既体现在她在布鲁克林大西洋大道的科尔耶家居店（Collyer's Mansion）里，也体现在她的家中。这两处空间都充满了造型可爱、色彩缤纷的家具和印花图案，视角新颖，品位独到。

莫里在田纳西州长大，她的母亲是一名裁缝，经常为莫里缝制衣服，也为私人客户定制服饰。一边是长串的绗缝机，另一边则是缝纫好的窗帘、靠垫和床上用品，她的拼布手艺可谓与生俱来。纺织品也因此成为莫里最青睐的家居装饰物。

自然而然地，她发现在复古服装中，最有趣的部分便是印花图案和面料设计。她说："复古服装的色彩通常与众不同，值得玩味。"当她参观带有大量壁纸和装饰画的历史住宅时，她的创造力也被激发了。"装饰和创造房间的真正方式，往往在于出彩的用色和大胆的室内装饰。"她说，"我一直在想，如何将它活用一下，让自己的家既时尚又经典。"

莫里还是个收藏家，她的艺术墙上摆满了收藏品。她也总在添置新的作品，并为那些老作品找到不同的位置。简单地移动一下，就可以赋予它们新的意义。

鳞次栉比

莫里的公寓坐落在布鲁克林迪特马斯公园里的一栋古老的建筑里，古香古韵，魅力十足，虽居于角落，却坐拥诸多窗格，自然光线充足，这对纽约的房屋而言，实在是一种奢侈。这里的光线充足，她也常在家中为商店拍摄物品，她的家居物品也因此时常移动。"我家里那些摆在最上面的物品，例如枕头、艺术品、玩具和配饰，总是被搬来挪去。"她说。

为了确保摆放新物品时，依然保持家居空间的整体和谐，她从房间的格局着手，进而对家具和饰品的添置进行引导。她解释道："我创造了一种自己喜欢的家具布置方法，不仅最大化地利用了空间，也带来审美的愉悦感，并通过毯子、灯具和装饰性抱枕等物品，让空间更富有层次感。"随后，她可以简单地将小物件从一个房间移动到另一个房间，或者摆放新物件，让人眼前一亮，由此可见基调色的重要性。

这个公寓的墙面选用中性色（白色），艺术品、抱枕、纺织品和配件丰富了点缀色，为居室注入了新鲜感。这样的家居装饰处处可见，莫里却将之发挥到了极致，并向我们展示出如何在舒适区里打造出色彩斑斓而又与众不同、个性独特的家。

例如，她家的各色抱枕看起来并不新颖，却十分百搭。莫里对自己的品位和搭配风格很有信心，她不假思索地投入了所爱之物的怀抱，并在客厅悬挂五彩缤纷的画，将所有色彩融为一体。绿色是这幅画中最为突出的色彩，其他色彩并不抢眼。事实上，色彩不必完全匹配，只需搭配和谐。更重要的是，在设计或添置物品时，要着眼于整个房间，使其成为一个相互平衡的有机组合，就像莫里的房间一样。

色彩联结

卧室采用蓝色和绿色，层次分明，更显柔和。抱枕带来一抹粉红色，令房间焕然一新。墙上的艺术品因质朴、温暖的色调而不显得突兀，并与隔壁客厅的色彩相呼应，整个空间充满了色彩的律动感。色彩的搭配有章可循，可以在不同空间中互相更换，灵活运用。

个性创造

- 选择一件五彩缤纷的艺术品，作为家居配色的起点。降低画作中的色彩饱和度，空间感会更为和谐统一。

- 不要害怕，尝试混搭。寻找你喜欢的纺织品，做成枕套，或用来装饰椅子。

加州风情

格兰特·威廉·芬宁
（Grant William Fenning）

家具设计师、劳森－芬宁家具
店店主

格兰特·威廉·芬宁是洛杉矶最具创意的家居商店之一劳森－芬宁（Lawson-Fenning）的联合创始人，当问及家对他来说意味着什么时，"私密、平和、舒适"是他经常使用的修饰词。他和搭档尼古拉斯一同清晰地捕捉到了悠闲的加州住宅氛围。

洛斯费里斯的住宅建于 20 世纪 40 年代，是一类名为"加州小屋"的早期预制概念设计房屋。他们于 2010 年购买了该套房产，并花了一年多的时间进行翻新，翻新时保留了原先紧凑的斜屋顶和横梁。房子坐落在陡峭的山坡上，独特的 Y 形结构立柱是其特色，而房子的立柱大多暴露在开放的平面中。"这里有点像树屋，"格兰特一边说，一边展示房子的背面。房子里有很多窗户，透过窗户，可以看到其下茂密的森林宅院。

大自然的语言影响了格兰特的诸多设计决策，他经常借鉴自然界的配色方案。绿色、蓝色、灰色以及棕黄色的原木色调突出了柔红色和赭黄色，这在楼上尤为突出；而在楼下，浅色的原木色调则更显温暖舒适。格兰特将他所有的色彩决定归结为"情感和本能，因为这是我的家"。

色彩策略

客厅选用中性色，两个卓荦不羁的翠绿色书架为空间注入了生机与活力。沙发和椅子上的装饰织物也染上了淡淡的绿色。在格兰特的家中，色彩的运用是经过深思熟虑的，并有意为之。在适宜的材质上活用丰富的色调，轻松强化视觉效果。

我们在餐椅上看到的这道红色，足以为中性色的空间注入活力。温暖的木制品作为过渡，使红色在空间中灵动起来，但并不显得突兀。可尝试一下这样的小点缀，往往会带来意想不到的搭配效果。

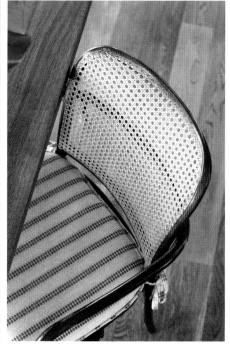

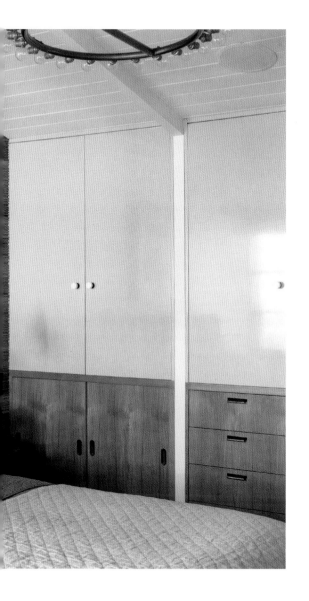

明朗的卧室

在主卧室中，格兰特选用了温暖的灰色和深沉的木色，以及抛光漆柜门上的赭黄色。这种舒缓的色彩让他感到快乐，并能唤起他最初的设计灵感——童年的卧室。

他年少时，家人允许他对自己的房间进行装饰。他在三面墙上张贴了硕大的黄白棋盘图案的壁纸，而在第四面墙上，添置了橙色的卡通小猫和黄色小鸟。"我一直喜欢这种感觉，直到我长大了也是如此。"他开玩笑说，"十几岁的时候，我说服了妈妈，把它换成了中灰色的壁纸。"不过，他仍然青睐黄色，现在他家中也有黄色的壁橱门，这是对他初次尝试色彩设计的友好回应。

客房则充盈着凉爽的灰色和明亮的天蓝色。两间卧室都是运用色彩的极佳实例，烘托了休息空间的舒适氛围；中性色的混搭是保持亮色稳定的关键。

内外联动

尽管格兰特在北卡罗来纳州传统的殖民式红砖住宅中长大，但他的母亲则深受英国设计师大卫·希克斯（David Hicks）的影响。"我们住在一套传统的房子里，那里有很多的色彩和图案。"格兰特说。他的父母还在北卡罗来纳州的海岸建造过一座环绕在雪松之中的现代海滨别墅，别墅采用了折纸屋顶，直到今天，那仍然是他最喜欢的房子。

影响格兰特设计的因素来源于他的旅行经历，其住处也改变了他的世界观。"去年，在米兰设计周之后，我去了科莫湖旅行，住在帕特里夏·厄奎拉（Patricia Urquiola）设计的伊尔·塞雷诺酒店（Il Sereno Hotel）。"格兰特说，"她对色彩和材料的运用让我深受启发，她将地球上最美丽的地方之一融入了自己的配色方案，这个配色完美无缺，和我对这个地方的感觉近乎相同。"

个性创造

- 可用清雅微妙、幽韵暗生的中性色装饰空间：柔软的苔藓绿、灰色的织物、橙赭色、草色布料，以及各种天然材料（如剑麻和灰漆）。留心你选用的中性色，有助于打造更醒目的配色。

- 在房间中选择一个焦点，并使用丰富的色调。注意材质。

- 建议搭配木制品。

大隐隐于市

夏洛特·哈尔贝格（Charlotte Hallberg）、埃里克·冈萨雷斯（Eric Gonzalez）

艺术家

位于布鲁克林日落公园旁的一座公寓是夏洛特·哈尔贝格和她的丈夫埃里克·冈萨雷斯的家，这套公寓的设计理念是构建一处简约的中古风树屋外观的房屋。这一灵感可以追溯到 2012 年，当时夏洛特在费城举办了一场艺术展，并参观了展出作品的画廊。其中的一位画廊老板住在一处偌大的工业公寓里，那里除了沙发和咖啡桌，其他地方满是植物，从地板一直铺到了天花板。"整个房间都是绿色的。"夏洛特描述道。

她喜欢在城市中心的那种感觉，但那里通常没有多少绿色。从那之后，她有意识地将更多绿色引入家居空间，既有绿色的植物，也有其他形式的绿色。

客厅是公寓里自然光最少的地方，因而夏洛特不能在这里种植植物，不过绿色的沙发化作了自然元素的替身。以沙发为起点，两人对房间的色彩进行了设计。他们选择了类似的主色调，如饱和的蓝色、点染的绿色以及天然的暖黄色材料，进而填充起整个房间。沙发区是他们阅读书籍、播放音乐和欣赏电影的地方，他们特意把这里打造得更暗、更舒适、更适合放松自我。将墙壁漆成浅橄榄色，也是统一和强调色彩的方式之一。

夏洛特提醒那些想做出大胆配色方案的朋友，应该在一天中不同时段去观察色彩，确保看到色彩的变化，并确认喜欢它们。虽然黄绿色的房间一开始看起来逸趣横生，但它最终会变得充满挑战性。每天早上醒来之后，她和丈夫就会盯着墙壁的色彩看。他们笑着说，这堵墙就像一条变色龙。夏洛特开玩笑地说："有时它看起来像橄榄色，有时几乎是橙色的。"

我们可以从沙发后面看到，公寓里几乎没有储物空间，多数东西都摆放在专门的置物架上，因而不显得杂乱。整个空间充满了简约天然的材料。

餐厅

夏洛特的丈夫埃里克是一名艺术家及家具设计师，两人设计并制作了家中的大部分家具。公寓里的家具多由废旧材料重新制成，因而制作成本不高。例如，餐桌是由一根漂亮的老松木制成的，这种松木也是他们工作室的建筑材料之一（此工作室始建于 19世纪）。

他们对空间的照明做了较多调整。夏洛特在灯光设计工作室工作，由于工作原因，她拥有一系列灯具，包括自己设计的灯具。替换掉原先普通的嵌入式灯具后，他们给屋中增加了不少复式灯具，这让空间的感觉大相径庭。用餐厅角落有自上向下的光源，把饭菜照得一清二楚，光源营造的氛围舒适又温馨。家居空间不大，因而控制不同区域的照明会对每个房间的氛围产生很大影响。

卧室

夏洛特喜欢卧室里的自然光，但是清晨的阳光会将她唤醒，因此她不想光线太刺眼。于是在房间里，她选取了一种明亮、凉爽的色彩，又不过于张扬。

除必备家具之外，她将家居焦点集中在艺术品上，即使在卧室里也不例外。这些艺术品既有夏洛特祖父母和母亲的油画、素描和雕塑，也有朋友和艺术家的画作，还有一些自己的作品。夏洛特说："和家中的每一件物品都有所关联，对我们来说十分重要。"

夏洛特认为，家是一处用于休息和恢复元气的地方，她只想简单地整理家和卧室，每天都能欣然醒来，又能酣然入睡。

斑驳陆离

凯拉·阿尔珀特（Kayla Alpert）
编剧兼制片人

当被问及最喜欢的色彩时，凯拉·阿尔珀特会高兴地回答："（我喜欢）所有的颜色。"因此，她将 20 世纪 20 年代的佐治亚式住宅打造成色彩的舞台。房屋坐落在洛杉矶市中心的汉考克公园，这里绿树成荫，住宅连片。她和丈夫彼得、双胞胎儿子一起在此安家落户。"我一直喜欢鲜艳的色彩和图案，"凯拉说，"从三岁开始，我就坚持要穿拼布衬衫、花裙子、格子背心和色彩鲜艳的紧身衣，还要一起穿在身上。从那时起，我就能够让色彩变得柔和，不会抢眼。"

凯拉和她的丈夫从小就生活在满是古董和书籍的环境中，因此他们既欣赏传家之宝，也会光顾跳蚤市场。按照凯拉的说法，"极简主义是一种外来概念"，而她则坚持自我，这就是凯拉能够自由地把各种作品整合在一起，且不用担心它们相互冲突的原因。装饰没有起止，甚至不存在"装饰"本身，一系列的作品自然地装点着凯拉的家，例如一把饱经沧桑的双人椅、一对巨大的黄铜鹳、老式的约瑟夫·弗兰克窗帘，不同元素的融合吸引着凯拉的注意。

她希望自己的家乐趣不断、轻松惬意又充满活力。"走进家中，大家都倍感轻松。"她说。从她的生活方式来看，凯拉需要一处非常舒适的家，便于家人举办派对、聚会和游戏娱乐。他们也希望家是能够烹饪做饭、观看电影、舒适怡人的地方。"我们的家既是遮风挡雨的港湾，也是永远开放的起点。"凯拉说道。

客厅的冷暖对比

起初，凯拉并没有统一的色调和布艺品，她就从一面白墙开始尝试，比如在客厅，因为她很清楚自己可能会买入各式各样的物品和家具，它们颜色鲜艳、风格迥异。她喜欢洛杉矶的波托拉涂料和釉面漆（Portola Paints & Glazes）。"它们有最为丰富、最令人意想不到的色彩，也有定制款。"客厅中的家具大多是暖色的，例如粉色的双人座椅、浓郁的橘黄色沙发，它们共处一室，和而不同。

尽管空间的感觉可能会随着时间的推移不断发展变化，但这些作品清晰地展现了凯拉所爱的色彩。她的家是一个很好的案例，可供我们参考如何轻松地整理房间，以及随着时间推移如何收纳越来越多的物品。当你清楚自己喜爱的色彩，并了解如何使用、搭配它们时，这些色彩便可和谐相生、携手共存。

她的另一个客厅选用了薄荷绿的墙和更深的绿色沙发，效果十分惊艳。我喜欢这种在同一个房间使用同色系不同色调的手法。在基调色上再搭配其他层次分明的色彩，毫无矫揉造作之感，和谐统一，就如同将自然的风光景致带入了家居生活一般，世间风景可不止一种色调。

清爽的餐厅

餐厅大胆运用了冷色调，拿捏得当，堪称范例。这种冷色调使人精力充沛，又不过分夸张。愉悦的绿色与东方地毯上的深红色、蓝色相得益彰，共同构成了空间色彩的基础。

这块传统地毯的色彩深沉而又丰富，不会过于鲜亮饱和，极好地衬托了明亮色彩。搭配醒目、明艳的色彩时，要找到统一融合的方法。如果其他物品都是米色和灰色的，那么绿色便会占据整个空间。在这个餐厅中，尽管红色和深蓝色的色彩斑斓张扬，但充当了空间里的中性色。

追逐所爱

凯拉的目标是为每个房间都加入一些惊喜、幽默的元素，她从未见过自己不喜欢的颜色。她希望设计新空间的人不要缩手缩脚，也不要在意什么"合而为一"。

相对的，她主张去选择自己喜欢的色彩和适合自己的色彩，就像你在自己衣橱里看到的那些色彩。她补充道："杂志里宣传的中性色看起来很棒，但如果你有了孩子、养了狗，也许还会再喝点酒，情况就大不相同了……相信我，真的。"

个性创造

- 用鲜艳的中性色平衡醒目的色彩。

- 在空间中使用深色调色彩来奠定色调基础，趣味横生，且不会令人眼花缭乱。

- 可展示你所喜爱的艺术品、抱枕以及装饰摆件。想让家中的物品焕然一新，试着将它们的位置换一换，崭新的布置会令你耳目一新。

色彩之趣

凯特·坦普尔·雷诺兹（Kate
Temple Reynolds）

第四工作室联合创始人

自踏进入户门的那一刻起，典雅的气息便扑面而来。凯特·坦普尔·雷诺兹既热情又体贴，她的家居配色给人舒适、踏实的感觉。她尝试使用不同的色彩勾勒出别样的氛围，她也注意到，新的色彩可以彻底改变整个房间。"色彩间的相互作用让我啧啧称奇，"她说，"有些色彩单独看起来令我难以接受，但搭配得当的话，它们将焕然一新。"

增加层次

凯特从她最喜欢的作品着手,进行家居设计,并构建出层次感。有时,她会选用大件的物品,例如一块地毯;有时也会选择让她灵光一闪的小装饰品。举例来说,凯特在客厅的沙发上铺满了手工织物,她喜欢这些出自朋友苏拉娅·沙阿之手的纺织品,并用它构建了她家楼下空间的基调色。这些织物也影响了其他艺术品的选择——凯特选择了类似的纺织品,使用了色泽浓郁的紫梅色,在更广泛的色彩领域中突显层次。结果令人满意,成为珠宝色泽和大地色调完美结合的范例。凯特使用的紫色给人一种脚踏实地、浑然天成的感觉,既不过于阴柔,也不会豪奢无度,突破了我们对紫色的固有成见。她建议,初学色彩搭配的朋友应该先尝试易于上手的设计项目,用于测试新的色彩。"你可能不想直接添置紫色的沙发,"她说,"但可以先(在家里)加上几缕紫色,看看效果如何。"

涂料试色

凯特力荐应在墙壁上试刷涂料,并在整墙喷涂之前,于一天中的不同时间观察试色,这样一来,我们就可以看到家中的自然光线对颜色会产生怎样的影响。她曾为楼下选择了白色涂料,原本想让空间有一种连贯的流动感,但当她把墙壁刷成白色之后,她意识到,自己的决定是错误的。"不知何故,它看起来像是黄色的,就像香蕉片一样!"她说。好在他们迅速做出调整,但这对她来说却是一个教训——要在全面涂刷和零星测试之间找到平衡。"相信直觉,"她说,"如果你觉得某种色彩的感觉很怪,或者感觉它很难达到你的预期,那它可能不适合你。但是也不要害怕,去尝试吧!"

联结统一

凯特的餐厅连接着客厅和厨房。在这个开放空间中，配色的流动感尤为重要。深灰色、原木色、灰褐色和紫色在空间中显得格外突出，如同客厅的延伸。厨房则更加明亮、通透，也蕴含着紫色。

家居空间

色彩的呼应在她的家居装饰中随处可见，她的家位于布鲁克林联排别墅，房屋为 20 世纪早期所建，如今她和丈夫雷姆以及两个儿子共同居住。在家里，她最喜欢和孩子们一起画水彩画。"看到色彩组合在一起，尤其是画抽象图案的时候，十分有趣。我六岁的儿子很喜欢画各种形状和图案。"她说。

虽然凯特来自南卡罗来纳州的哥伦比亚，但她认为自己的家居风格并没有像儿时的南方家庭那样传统。她的母亲是一名室内设计师，当谈及装饰，她总能不落窠臼，别出心裁，这对凯特的审美产生了很大影响。出于这个原因，她更喜欢将色彩和图案进行混搭，倾向于营造非"装扮性"的外观和整体感觉。于是，各色纺织品、墙纸和地毯齐聚她的家中，琳琅满目，精妙绝伦。

温馨舒适，斑斓多彩

主卧室的色彩丰富多样，烘托安详舒适的氛围。灰绿色的墙壁柔美雅致，不像白色那般单调。纺织品引入了更为醒目的色调，例如金黄色、红色和蓝色，但不会那么抢眼。另外，她在小范围内使用柔和的墙壁色彩，保证空间的宁静氛围。

尽管楼上的配色方案中白色居多，略显传统，但凯特利用窗饰和床品，同样为孩子们的房间带来了各种色彩（主要是玩具的色彩）。

个性创造

- 大胆使用纺织品，为空间增添色彩、图案和趣味。

- 将紫色（或其他珠宝色泽）与更为朴实的色调进行搭配，例如赭黄色，以及中性色。

- 在卧室里小范围地使用醒目的色彩，以此达到平衡。

- 在置物架上展示收藏品。这也是搭配其他色彩的好方法。

脱颖而出

安东尼·吉安纳科斯
（Anthony Gianacakos）

室内设计师、纺织品设计师、
艺术家

艾莉森·鲁德尼克
（Alison Rudnick）

房主

安东尼·吉安纳科斯来自于美国中西部，那里崇尚保守稳健的家居风格，但他却与众不同。小时候，他会在卧室的装饰中尝试一些狂野的色彩，并向父母提出设计建议，而他的父母通常会选择温和的灰褐色、柔黄色和栗色。他期待着有一天可以彰显自我，并在色彩和图案的使用上更为大胆。搬到纽约之后，他从事室内设计工作，终于获得了圆梦的机会。

正因如此，当房主艾莉森·鲁德尼克决定要为她在纽约曼哈顿的上西区公寓做一个个性张扬的设计方案时，她找到了安东尼。安东尼以丰富的色彩运用手法和宜居的空间划分而闻名，这次的设计便是让房主的空间灵动起来。

色彩与情绪

这套纽约公寓没有太多自然光线，要想办法让它温暖起来，使整个空间更加舒适宜居、明亮欢快。安东尼所做的第一件事，便是选择合适的配色方案。这一次，他决定专注于墙面的色彩，在之前的设计中，他往往会使用大型装饰物品构筑色彩舞台。"色彩会营造一种情绪氛围，"他说，"从那种氛围开始，设计过程会不断地变化演进。"他建议那些对明亮的涂料色心存疑虑的屋主，可以选择一种不同凡响的中性色，例如泥灰色或粉褐色。"在中性色中，尝试找到这样一种底色，虽不鲜艳，却能带来斑斓色彩。"他说道。

粉色系搭配

房屋的出彩之处在于粉红色的客厅。这套公寓只有一间卧室，房主大部分时间都待在客厅里。粉红色的墙面着实是大胆的选择，但在艺术品的衬托下，却显得十分合拍。安东尼坚信，艺术品能改变房间的氛围。"无论是艺术品鉴赏家，还是喜欢手工制作的大学生，我们都可以用它掀起一番波澜。"他解释道，"对加入色彩设计的新人来说，这不失为一种便捷的方法。"

在蓝灰色沙发的背后，悬挂着一个艺术品般的美丽的折叠屏风。它有着金色和黑色的色泽，又带有柔美的粉红色调。这为明亮的粉红色房间增添了几分朴实之感，而艺术品也调和了墙上的强烈色调。事实上，安东尼和艾莉森曾一度试着在房间周围画出一条蓝绿色的条纹，但最终效果并不理想，于是他们决定把墙面喷涂成粉色。安东尼提醒打算装修的屋主："涂料最大的好处在于，它并非永恒不变的。"

除此之外，空间中的其他色彩也很丰富，既与粉色形成鲜明对比，又能保证粉色是空间色彩的主角。所有配色都是为了平衡，这个家居配色做得很好。如果房间里的所有东西都是浅色或白色的，粉色就会显得异乎寻常，尤为突出。但在这个房间里，空间中的大多数色彩都具有相似的明度（请谨记，明度是指色彩的明亮程度，详见第24页），或调整为粉红色，或者再暗一些。配色方案中的其他色彩可以让粉色更加丰富、完整，缓解突兀之感。

迎门絮语

入口处的色彩相比公寓的其他地方更显中性，别有一番风趣。灰色和黑色的动物图案壁纸，以及金黄色的地毯，都衬托出璀璨的原木色调，金碧辉煌，奢华高贵。明亮、俏皮的黄色灯座则是一种过渡，在深入探索之前，我们先引入家居的色彩世界。

配色灵感

作为一名设计师，安东尼总在积极探索，自我突破，不断尝试新的配色方案。他的灵感来自于旅行、异国建筑，以及所到之处的当地特产。在纽约的家里，他从城市的混凝土丛林中寻找自然的亮点，每周到花卉市场散步，寻找新的配色灵感。城市中的诸多博物馆也启发了他，令他在不同寻常的展品中寻觅色彩的踪迹。他研究了大都会博物馆中古代文物的色彩；在自然历史博物馆中，从恐龙骨骼到土著玛雅人服饰的色彩，无不给他带来启迪。

"依我看，色彩赋予了空间个性。"他补充道，"没有色彩，我们就只有朴素的白墙。这听起来让我意兴阑珊。室内设计中的色彩是一种自我表达的方式，就像时尚一样。"

卧室的调和

安东尼倾向用深色、饱和度较高的色彩装点卧室，而对生活空间而言，他更喜欢明亮的色彩。卧室和客厅中采用了相似色，并将之搭配在一起。卧室的配色克制了许多（不像客厅那么五彩缤纷），色彩比例也完全不同。卧室多选用了蓝色，而非粉色。蓝色是清爽而平静的，不像粉色那般丰腴浓烈，考虑到房间的功能性，这样的设计十分合理。床品选用了柔和的灰粉色。

这个空间配色启示我们：别出心裁、巧妙地使用自己喜欢的色彩，并与空间搭配相协调，注意比例是关键！精心地搭配色彩，会使得房间和谐统一，避免单调重复。

个性创造

- 为光线较暗的空间选择亮眼的墙面色彩。

- 可选用艺术品和大型装饰物装点墙面，进而平衡醒目的色彩。

- 在使用醒目的色彩时，选择相同色相的不同色调，使其更加统一，整体感更强。通过加入对比，让色彩更加醒目。

- 选取你喜欢的配色方案，通过调整色彩比例，赋予空间截然不同的个性氛围。

奇异伙伴

霍普·斯托克曼
（Hopie Stockman）
纺织品商店联合创始人

霍普·斯托克曼的母亲教给她，要用想象力进行设计。小时候，她住在新泽西州中部的农舍里，那里的建筑拥有一种殖民地风格的美学基调："从地板到天花板都有栩栩如生的印花图案，老旧的白色谷仓里精心陈列着几张桌子，而谷仓的窗外花坛里则种满了红色的天竺葵。"这意味着，霍普从很小的时候便开始生活在明丽的色彩和粗狂的图案中。

现在，霍普和她的丈夫大卫·布兰森·史密斯就住在她所说的"原汁原味"的洛杉矶居所里。作为一个自豪的租客，霍普对房东的建筑师妻子的设计非常着迷。

这位建筑师的妻子在朋友的帮助下，于 20 世纪 90 年代初建造了这个南加州风格的房屋。她给房子设计了向西的朝向和不高的地段深度，确保其拥有高挑的高度和最好的采光。居所设有一个开放式平台，专为房主的小型钢琴而设计。霍普诙谐地笑言："结果这里成了独一无二的房子，体量不大，两个卧室悬在崖边，如同为蒂姆·伯顿（Tim Burton，美国知名电影导演、制片人）量身打造一样。"

蓝色瓷砖

厨房阳光明媚，有着令人愉悦的蓝绿色主题。开放式搁板提供了展示色彩的舞台，餐盘和厨具相映成趣，红橙色铁锅让就餐变得更加愉快。在台面上，经常会看到一碗柑橘，那是他们从院子里的树上采摘下来的。

文化灵感

提到浴室，霍普仅选择了让她开心的色彩，她自己粉刷墙面（只是为了好玩）。家中的多数色调柔和美丽，例如赭黄色、靛蓝色、蜜桃色和米黄的沙漠色调，都与房子的氛围十分协调。霍普还受到了印度斋浦尔城市色彩运用的启发，被迪吉宫（Diggi Palace）和萨莫德·哈维里（Samode Haveli）等经典酒店深深吸引，这些酒店的特色房间会呈现出木槿粉、水绿色以及浅果绿的色调。

她最喜欢的室内设计之一，便是斋浦尔的帕拉第奥酒吧（Bar Palladio），那里洋溢着几十种蓝色色调。蓝色的情愫又让她想起了艺术家安妮·特鲁特（Anne Fruitt），安妮认为，释放的色彩会"从内心歌唱。它塑成肉身，获得生命，成为人，有了情感"。霍普对此表示赞同，并补充道："在帕拉第奥酒吧喝上一杯鸡尾酒，就如同走入了蓝色的世界。"

卧室的色彩

尽管建筑本身可能有些古怪，但霍普喜欢遵循洛杉矶传奇设计师基尔·卡瓦纳（Gere Kavanaugh）的设计理念：房间的装饰应该取决于建筑本身以及透过门或窗进来的自然光和外部景观。

基尔认为，设计是圆形循环的过程，就像是静物画一样，而不是线性的。例如，霍普家楼下卧室的高度恰好是树木生长的高度，因而她把卧室刷成了淡绿色，使内部空间变得青翠欲滴。同样，楼上卧室的视野与洛杉矶的天际线平齐，她便选择了淡蓝色，让空间明朗起来。

色彩与情感

住所的其余部分是配以一排排窗户的大房间，霍普和大卫保留了房东所用的白色。客厅里摆满了艺术品，还有装裱好的海报和彩色纺织品。由此可以看出，不断尝试新事物，空间也会随之经常发生变化。

霍普始终坚信，色彩可以振奋人心，激发灵感，能让人感到饥肠辘辘，抑或精神集中。"我喜欢在搭配色彩时考虑情感因素。"她解释道。

她发现，在涂有冷色（例如柔和的绿色和蓝色）的房间里更容易入睡。她提醒大家，涂料的色彩通常比色卡上显示的更丰润、更浓重，因而最好选择比预期稍浅的涂料色。"如果空间狭小，墙壁可选用中性色，再搭配些色彩绚丽的纺织品。纺织品会成为房间里的亮点，丰富空间的图案和色彩。"她建议道。

图案的游戏

珍·曼金斯（Jen Mankins）
飞鸟布鲁克林时尚商店店主

珍·曼金斯的家中洋溢着维多利亚风情，这座位于迪特马斯公园的宅院清新典雅，萦绕着 20 世纪初的复古氛围，正如同她的时尚商店——飞鸟布鲁克林一样。她和丈夫（还有小仓鼠威利·尼尔森）所住的独立式三层房屋始建于 1910 年，而在一百年后的 2010 年，这对夫妇买下了它。他们花了一年的时间进行翻新，如今，这所房屋的色彩十分丰富，时尚图案随处可见。

她丈夫拥有瑞典血统，他们也曾在瑞典居住过，这一经历对房屋风格产生了极大影响。"斯堪的纳维亚的现代风格，以及墨西哥的色彩和手工艺范儿，共同成就了我的风格。"珍总结道。她生长在得克萨斯州，又到美国西南部和墨西哥待了很长一段时间，并对那里的色彩情有独钟。

走进她的家，斑斓色彩迎面而来，角落摆着一把蓝绿色的扶手椅，铺着一块紫橙色相间的地毯，堆放着大量书籍。显然，珍热衷于色彩，并敢于尝试。

她为家中购置物品时，很少考虑风格，只是选择她喜欢的东西。她总在旧货商店和网上寻找纺织品、地毯、艺术品和设计作品，旅行时也是如此。"这些东西可以让家变得更加个性，并能把所有的大型家具组合到一起。"她说。客厅壁炉架上陈列着她多年来收集到的艺术品和藏品，壁炉上方暖色系的蜜桃色风景画则烘托了氛围。沙发和扶手椅上摆放的抱枕和毛毯也是明亮、温暖的。

室内花园

厨房和餐厅的空间很大，摆满了大量的暖色木材和植物，并用椅子、花瓶、陶瓷和壁纸突出斑斓的色彩。木材的色彩是空间中的主色调，散布在各处的生动色彩中，就如同花园里五彩缤纷的植物一样。

明朗的黄色

在楼上，珍有一处专门摆放衣橱的房间，她曾是时尚服装店的店主。黄色的椅子为空间增彩不少。黄色是珍最喜欢的颜色之一，会让整个房间明亮、愉快起来。她在梳妆台上陈列着珠宝和艺术品。

在她的家庭办公区，一边是中古风的经典款桌子，另一边是布满图案的沙发。此处的色彩灵感源于蔬菜和花园，围绕着壁纸徐徐铺展开来，楼下的厨房里也是如此。

色彩氛围

珍的卧室大部分是灰色的，配有柔和的强调色，因为她希望卧室舒适惬意，可让人放缓脚步。她认为色彩可为氛围和风格奠定基调，沉静平和抑或昂扬振奋，都取决于我们想要怎样的空间氛围。"对我来说，色彩与自然相连，与时尚相系。"珍说，"还记得，我在惊艳的色彩中成长，看着黄粉色的得克萨斯日落，还有艳丽的粉色杜鹃花，后来去往墨西哥的海滩，海水是亮蓝色的。"除了房间中的白墙，她家中所有的东西都是如此多彩。她最近开始添置壁纸和麻布，想用黄色、粉色和深色调的蓝色重新装点整个房间，让色彩无处不在。

个性创造

- 尝试北欧风设计图案，比如约瑟夫·弗兰克（Josef Frank）的图案。

- 选择中古风的经典款家具。

- 使用大量木材，创造温馨舒适的空间。

- 大胆选用色彩，例如粉色、黄色和蜜桃色等暖色调。

- 回顾童年时代的风景，选取最喜欢的景致，寻找配色灵感。

FINDING COLOR

5 追寻色彩

阅读完第四部分的家居案例之后，希望你能从色彩搭配中获得启发，并将色彩融入自己家中。最有趣的房子都是独一无二的，里面都充满了精心搭配的色彩，对物品和图案的摆放也花费了不少心血，这无不反映出屋主独立的个性、独特的生活和独到的见解。

虽然我们很多人认为，客厅设计的第一步通常是摆一张大沙发，买一块好地毯，从而奠定外观或概念的基础；但其实，有思想、有深度的家居设计都是从整体配色方案开始的，随着时间的推移而不断调整。正如房屋的布局一样，配色也是设计流程的组成部分。现在就开始寻找属于你的色彩吧，创造让自己愉悦开心的空间，讲述你的色彩故事。

色彩寻踪

若要寻找色彩，就要重新审视整个世界。在开始家居设计之前，甚至在整合配色方案之前，需要先进行探索。你可以回顾色彩记忆，将之关联起来，并记下脑海中其他与色彩相关的闪念。请留心在日常生活中看到的微妙色彩及其带来的不同感受。与周围环境建立起深厚的联系，首先了解你真正喜欢的事物。现在，在熟悉色环的色相色调及其代表的不同风格与含义后，全部浏览一番，选取最适合的色彩。若是头脑更加活跃、眼界更加开阔的话，你就会想到、看到无穷无限的可能性。我发现，在收集灵感、深入思考的过程中，可以发现以前从未真正留意过的色彩，并在家居生活和斑斓色彩之间产生沟通和联系。

色彩组合

以下问题有助于你快速判断，挑选出适宜的明度、彩度和色调。这些问题适用于色环上的所有色调，包括中性色调。

当我想到这种色彩……

- 它最柔和的色彩是什么色？它最深沉的色彩又是什么色？

- 如果降低或提高饱和度，会变成什么色？

- 它的暖色调是什么色？它的冷色调是什么色？

- 它会随时间发生变化吗？在强光和弱光下，看起来有区别吗？

- 它会出现在哪种天然材料上？

- 光线暗淡或强烈时，它会如何变化？

- 在我所有的物品里，哪些是这种色彩的？

- 这种色彩让我感觉如何？

- 它具有何种芳香？

- 我和它有什么关联？它对我意味着什么？

- 它让我想到了哪个季节？我能想象这种色彩在一年中的不同变化吗？

- 在夏天和冬天看它，它会带来不同的感觉吗？

- 想象一处风景，这处风景能让我想到这种色彩吗？

- 我对这种色彩有哪些童年记忆？

- 最近在哪里见过这种色彩？

- 什么食物是这种色彩的？

- 在生活中，谁会让我想到这种色彩？

- 哪些艺术家和设计师经常使用这种色彩？哪些品牌使用这种色彩？

- 这种色彩会让你想到生命中的某个时刻或者某段经历吗？

- 这种色彩会让你联想起哪里？旅行时，同样的色彩会发生新的变化吗？

色彩寻踪

接下来，开始寻找色彩。这种追踪和探索可以成为你日常生活的一部分。放慢脚步，注意观察周围世界的色彩。我喜欢抓拍吸引我的瞬间，收集灵感和样本。照片是抽象的，多注重色彩和构图，而非关注场景。我经常把照片剪下来，贴在一起。也可以做些笔记，尝试用文字来描述色彩，只要你认为这样更有效果就好。

日常配色

拥抱每一天（甚至每一刻）的新鲜感吧！挤出空余时间，学会放慢脚步。你需要从工作、生活中小憩一下，在等车时，去见朋友的路上，都可以尝试配色。环顾所处的位置，别让眼睛停下来。请注意观察人们衣物上的颜色和形状，以及光线照射的方式。有时间的话，可以在街道或常去的地方四处转转。可留心树叶颜色的变化，抑或在周末的日落时分小酌一杯。你可能会被一种意想不到的色彩搭配吸引，就像粉色建筑上的生锈金属，或许你会注意到邻居院子里绿色的微妙变化。也可能平淡无奇，没有任何突破，但有时平凡的东西一样令人惊艳称奇。

探索你最喜欢的地方，用全新的眼光重新审视，留心观察，注意细节。比如你最喜欢的商店（看看里面的商品）、餐馆（看看菜单的配色、食物的摆放方式）、花园（注意光线变化）、图书馆（书籍是如此多彩），甚至是在朋友的家里（消磨时光的同时注意观察）。看看其他人如何搭配色彩，创造家居空间，这也能令你大开眼界。

食物配色

可以逛逛杂货店，寻找色彩，而非只购买清单上的商品。淡绿色的洋蓟、黄色的金冠苹果、明亮的酸橙和紫红色的莴苣，从色彩角度进行赏析，它们是如此美艳多姿，精妙绝伦。此外，你可以寻找有趣的包装，或带灵感之物回家。对色彩的追寻，既是一种探索，也是一次在家中尝试色彩搭配的机会。我在杂货店里看到色彩饱满、色泽丰富的食品，可能会在厨房或餐厅中运用这些色彩。尝试买些物品，把它们放在厨房的台面上，看看它会给你带来怎样的感觉。这种方法安全稳妥，便于测试你对色彩的反应。

中性配色

现在，投入大自然的怀抱吧！你可以去山区、海滩、森林、溪边或沙漠里旅行，去探索一些远离日常生活范围的地方，最好在一天或一周内往返。将拾捡的物品，例如树叶、贝壳或者石头作为素材。留心你感兴趣的东西，带一些最喜欢的东西回家。这是真正的户外项目，做得越多，就越会注意到细微之处。尝试把你观察到的风景，尽可能地呈现在房间中。记住它给你的感觉，看看它如何随着时间的推移发生变化。

度假时，或者到某个新地方时，留意这里的光线和你家中光线的区别。探索世界各地不同的文化，研究他们使用色彩的不同方式。我发现，当我身处新的环境时，往往会更容易迸发灵感。把中性色带回家吧！创作出自我的色彩故事，唤醒初遇时的感觉。

进行反思

要留心观察我们周围的色彩、图案和形状，发现其中的美。如此
一来，我们就会慢慢发生改变，逐步成长。这是一种可以不断累
加的练习，会对你的生活方式产生深远的影响。请拥抱好奇心。
将搜寻到的图像、物品和笔记收集起来，放到一起，这样便于对
吸引你的地方进行评估，并识别出对应的图案。也许你屡次为同
一种番茄红着迷，也可能是一种深色调的绿色，或是被各种柔和
的色调吸引。随着色彩收藏品逐渐增多，在完成色彩收集之后，
请花点时间思考和总结。这是在学习和构筑自我的灵感体系。

深入研究

一旦对自己感兴趣的东西萌生了初步想法，就要进行更深入的研究，进一步调查这些色彩。不妨去博物馆的展柜旁，看看艺术家如何使用和搭配色彩。逛博物馆会带来不少艺术启迪和设计线索。你可能会发现，原来自己喜欢野兽派绘画中的鲜艳色彩，或是抽象表现主义者的大胆姿态。要保持开放乐观的心态，不深究"想清楚"艺术的真谛；相反，要关注它带给你的感受。请记录下和你产生关联的作品和艺术家，以供后续查阅更多资料。可以去图书馆或书店翻阅设计类和艺术类书籍、杂志。品趣志（Pinterest）、谷歌图片以及设计博客都是寻找创意的绝佳地方。拥抱这种关注色彩世界的新方式吧！

色彩与语言

当你继续寻找色彩时，也要考虑和色彩相关的语言。语言和视觉之间的联系非常紧密。正如英国广播公司在其关于色彩和非洲南部辛巴部落的纪录片中所讨论的那样，当我们对色彩进行特殊定义后，便可以更好地欣赏它们。辛巴族人对绿色进行了细化命名，却未对蓝色命名。当他们看到 12 种色彩的正方形（11 个绿色的和 1 个蓝色的）时，很难区分出蓝色的那个。不过，他们比大多数西方人更容易区别出绿色，这得益于他们的语言。

为自己所爱的颜色命名，例如丁香色，你就会和此色彩产生更加紧密的联系，这些色彩看起来也会更加别致。将你对花朵的喜爱、香气的热情，以及第一次为餐桌挑选的鲜花都赋予相应的色彩，令它更具个性化。联想记忆的能力十分强大，每当你看到用那种色彩装饰的椅子，都会让你感到快乐。

这就是我所说的，通过有意义的色彩讲述自己的生活故事。可选择能表达地点、感情、记忆，甚至历史的名字。名字越个性独特，与美好记忆的联系就越紧密，就像我自己的"沙丘草绿"。这让我想起了霍维斯街海滩（那里离我童年时的家只有一小段路程）不同绿色色调的变化。它让我感到舒适、平静和放松，也激发了我使用这种色彩进行搭配的灵感。走进卧室或浴室，都会让我想起童年的海滩。请敞开心扉，接受关于材质、用途、明度、色调的全新想法，由此生发的积极联想会让你大吃一惊。

个性配色

要创造出属于自己的配色灵感、色彩和视觉系统，这一过程十分漫长，并且只能独立完成。如果你渴望构筑出鼓舞人心的个人空间，那更值得为此付出。对这项研究的深入程度取决于你的兴趣所在，一定要经常回顾你的灵感所在。

在工作室，我有一个色彩专用素材柜。每次着手准备项目时，我会为主要色相设置专用的素材库。素材库里会有每种色彩的纯色素材，可以是餐馆的菜单，因为菜单上完美的薄荷绿吸引了我；可以是老旧的、裂开的丝绸上衣；也可以是五金店的油漆样本。这个色彩库是配色的起点，我在设计的时候总能从中获取灵感。我保存了之前做过的色彩提案，无论是染色的织物还是绘画的纯色样本，即便现在不太应景，但在未来可能又变得适宜起来。

我与生产商合作时，他们需要知道每种色彩的具体细节。许多公司都使用潘通公司（Pantone）的色卡，这俨然已成为行业标准，但我更喜欢展示真正的织物、彩纸，或是最常见的手绘样本。它更发自内心，因而更加准确，就像第 245 页的独创个人色环。

每次做出配色方案后，我会根据情况进一步优化它们。这种方法你也适用，具体取决于你想在空间实现怎样的配色。色环上或许有你喜欢的绿色，但用作墙面的色彩时要加以淡化才行，或者将之加深，做成灯罩。综合考虑色彩的背景与环境，可以相应地对其加深或淡化，并确定它的用途，是作为油漆涂料，还是染色织物。

最初挑选色彩时，我会推测和想象，当看到纺织品的实物样品时，我就能真正判断出这种色彩是否与其他色彩协调搭配。你可以使用同样的方法去装饰自己的家。可以带些样品回家，变换家具的摆放位置，绘制些装饰图案，以此检测实际配色效果。多花些时间去思考，预想下你期待的效果，检验其对应的结果，这样能筛去不适合的配色方案。如果你感觉不对的话，就试试别的。如果这能让你感到开心，那就意味着有所收获。

从花时间收集、记录并研究自己的兴趣开始，你就已经在为自己的色环"添砖加瓦"了。我发现，按照色相来摆放样本对我的帮助很大，便于发现自己最喜欢的色相和色调。随着时间的推移，相信你也会建立起自己的色环。可能你没有像我一样的色彩专用素材柜，但重点在于收集的过程中不要弄虚作假。从零开始，给自己足够的时间，提出自己的想法。这个过程是艺术化的，匆忙不得，也没有正确答案。

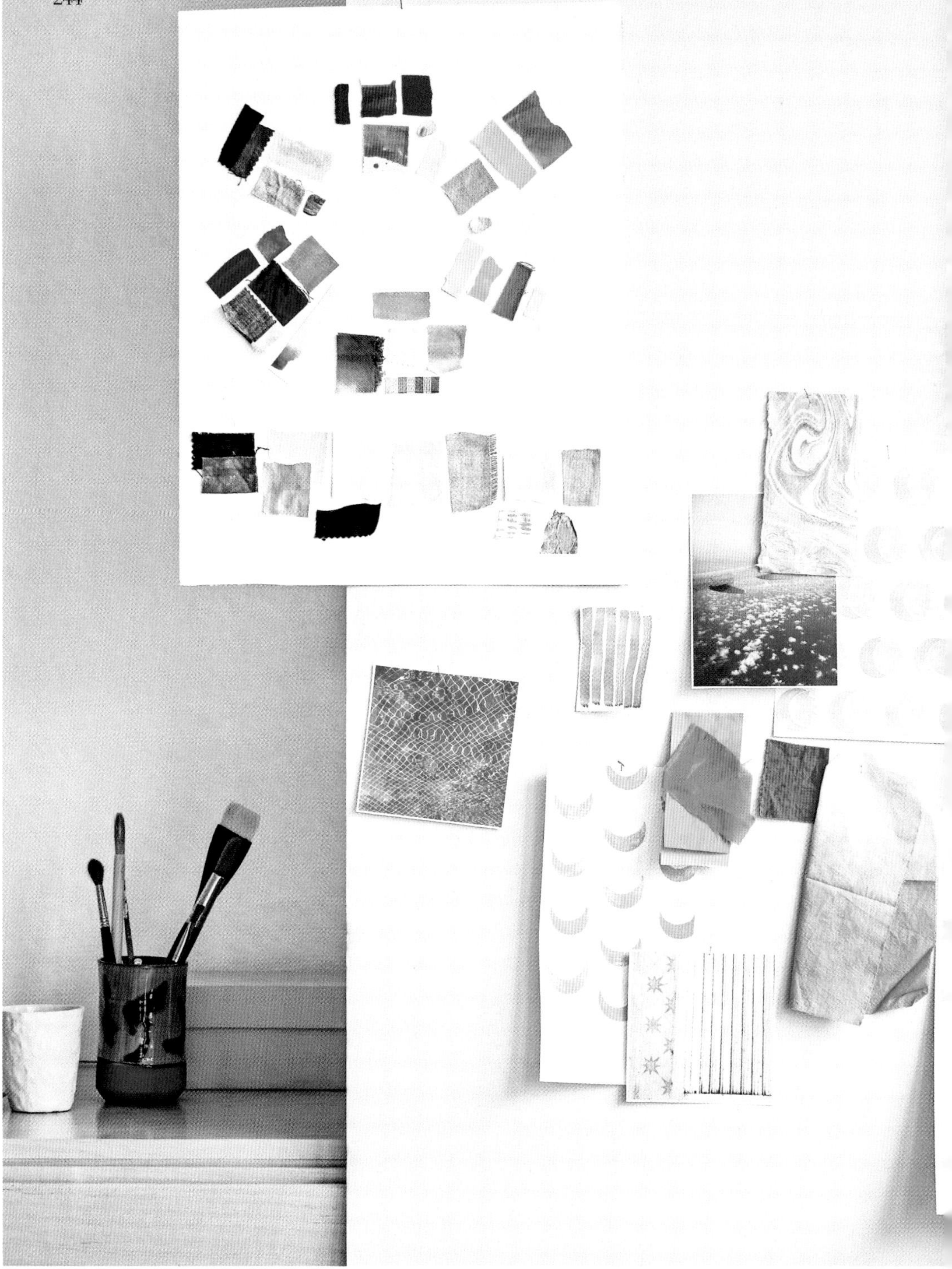

独创个人色环

在对自己喜欢的特定色彩有了明确的想法之后，就要开始观察色彩之间的相互影响。可以用任何实物来打造属于自己的色环，例如纸片、颜料片、包装纸、树叶、信纸、布样、照片、贝壳、碎陶瓷、石头，甚至是橡皮擦。如果你发现某种物体的色调刚好合适，但它的面积过大，不适合放入色环，那就找些相似色的纸张或织物代替，或者用拍照及绘画的方式记录。

将各种色彩放在圆形或矩形色环中，如同传统的色环一样（见第17页），记得加上你特有的色调。可以选择胭脂红、南瓜色、赭黄色、草绿色、藏青色和淡紫色，以取代传统的红色、橙色、黄色、绿色、蓝色和紫色。你会发现，在诸多不同色调的色彩中，你只钟情于一种色彩。每个人的色环都是独一无二的。尽量缩小选择范围，只选择一种色相的几种色调，精挑细选，寻幽入微。

不要忘记中性色，它们对营造和谐的空间氛围至关重要。可将中性色放在色环中最为接近的色彩旁边，或者在色环底部另开一栏。

请注意纹理和材料是如何影响你对色彩的感觉的。你喜欢这种织物的布料吗？还是喜欢像橡皮擦一样的材质？你可能对一种色彩的不同形态产生截然不同的反应。这样的色彩反馈无可比拟，将为你今后的色彩搭配提供弥足珍贵的信息。

五色配色

色彩魔法即将施展其真正实力。色彩的"独舞"如梦如幻，色彩的"和声"扣人心弦。

首先，让我们尝试下五色配色。从你最喜欢的色彩开始。接下来，添加至少两个中性色。（谨记，中性色可能只是某种柔和的色调。）回想一下明度、彩度和色调（详见第24页）。然后，加入一种过渡色——这是为了在中性色和你所选的第一种色彩之间进行调和，消弭对比。这也是我讲述色彩故事的意义所在。

色彩是充满故事性的，它有着朝气蓬勃的开端（焦点色），随后发展过渡（中间色和过渡色），最后是扣人心弦的高潮部分（强调色）。举例来说，如果你选择了番茄红，随后加入灰色和灰褐色的中性色，那么可能需要加入柔和的珊瑚橙色进行过渡。最后，添加一种强调色，使配色活跃起来。作为一种过渡或者强调性色彩，它只在特定区域出现，或许是一些沉静的色彩，用来增强整体感。请记住我们在第62页提到的——对配色来讲，比例非常重要。当然，你可以随时调整配色比例，创造无限可能。

想继续深入吗？下面列举的配色方案亟待探索。

- 相似色可以获得更加和谐的纯色配色。将三种色彩（例如紫蓝色、蓝色和蓝绿色）与两个中性色搭配起来。

- 想获得斑斓的多彩配色吗？可以参考一下互补色（详见第20页）。

- 去看看你的色环，分别取出原色、间色和复色（详见第17页）。

想想触景而生、受季节启迪的配色方案吧！想象一个基于家居、海岸，或者有关最美记忆的配色方案，试着将每种气味化作不同的色彩。你最喜欢哪个季节？为你的家挑选出某个"季节"，进而调配出意象相符的配色方案。如果选择了秋季，你可以选择更加丰沃深沉的色彩，例如珠宝般的色泽，以及所有被秋辉点染的色彩。如果你倾向于女性化、梦幻化的风格，春日般的配色方案可能会更应景。夏日的氛围更适合鲜亮、强烈、明快的色彩。

四个季节都会启发我们。回顾一下第 38—41 页的季节调色板，想一想你所青睐的四季色彩。你对四季色彩的联想和感知可能与我迥然不同。在每个季节，你都渴望什么色彩呢？

建议回顾一下书中的家居配色案例（或是你收集的配色灵感），并从中撷取色彩。

建议在装饰房间之前，至少做出五种配色方案。可尝试创造出各式各样的选择，尽情泼墨挥洒。配色方案做好之后，想想它们传递的意象，只有掌握了色彩的意象，才能更好地将配色方案应用于家居空间中。

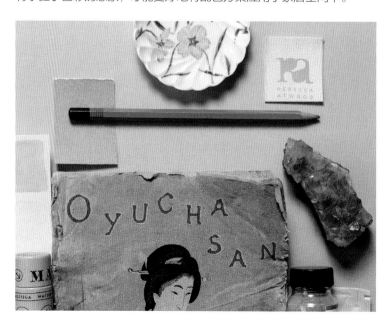

粉刷墙壁

1. 当你搬进新家或重新装修时，不要把粉刷墙壁作为头等大事。我知道，许多承包商和设计公司会对此颇有微词，但还是建议你把刷墙事宜先放一放。

2. 为空间氛围定调。建议考虑一下色彩的明度（明暗），这将大有裨益。事实上，新刷的色彩不会改变空间大小，却会影响感官感觉。深色通常会有收缩感，冷色调的深色，例如藏青色，会让人联想到凝望的星空，让人感觉空间更为开阔。浅色可以反射光线，清朗通透。中灰色调在多数空间中百搭无忧，尤其采光不好的地方。

3. 请找一件可以营造空间氛围的物品，例如抱枕、油画、杂志里的房间图像、风景照片等。带上它去涂料店，看看什么色彩能让你产生对应的感觉。记得给自己多一点时间，尝试不同的想法，新的组合可能会令你眼前一亮。

4. 可以把涂料的试用小样带回家，在墙壁上涂上一点，然后观察。把它涂在光线充足的地方和背光处，看看明度、色调在昼夜间的变化。随着光线的变化，灰色和褐色会变成紫色、绿色、红色或蓝色。也可以涂到木板上，放在不同的房间里，观察色彩的变化。建议多观察几天油漆小样。在墙壁上，色彩看起来常会更暗沉或更饱和，因此建议你选择比预想色彩浅一些或者更亮的涂料色。

色彩情绪板

请回顾你在色彩寻踪中收集的物品。可以把发现的图片放在一起，深入研究，并把它们固定到色彩情绪板上，看看它们如何产生联系。展示你的色环和中意的配色方案，把喜爱的物品也放到色彩情绪板上。请找出最适合你的意象。色彩故事是由意象、纹理和图案共同构筑的。多花点时间收集你钟情的意象，看看它们如何相互关联。观察一段时间，随后逐步完善。深耕细作，不断探索，不必担心它如何转化成为家居色彩的问题。尽情畅想，开始实践！

色彩应用

可仔细斟酌你想要添加色彩的房间，初步构思对应心情与意象的配色方案，并将它运用到家居空间。用所选的配色方案画出房间的草图吧！房间构图不一定十分精准，但要表达出在哪个位置会使用何种色彩。这张草图甚至只需要寥寥数笔，在上面你可以把几何形状作为参考对象（例如用长方形代表沙发，正方形代表椅子、地板或墙壁）。或者可以从网上找些黑白线条的房间构图，再用彩色铅笔进行填充，玩转奇思妙想。如果你不喜欢绘画，也可以选择拼贴，或者在网上或杂志上寻找喜欢的色彩图片。

如此一来，你的色环和配色方案将会变得更加精致。这是循序渐进的过程，当你更大范围地实践时，你可能会发现：也许只需要使用配色方案中的一半色彩，或是色环上的几个色彩，就可以使它层次分明，搭配和谐。你随时可以保留配色方案中的色彩，以便日后用到小物件中去（配饰也是引入其他色彩作为强调色的好方法），但是至少要有一份色彩路线图，这样就能在需要添置更多色彩的时候，提供线索，引路前行。

"纸上得来终觉浅，绝知此事要躬行"，有时候，不试一试，你就不会知道对此事的感觉如何，亲身实践总是好的。如果不喜欢它，就去改变它！

搭配自然光线

想象在冬日的沙滩上漫步的感觉：柔美的沧沙色融合成更深的棕色，金色的赭黄色和温和的绿色也躺在沙丘里，而所有这些都与海洋的色彩、清澈的蓝天形成了鲜明对比。你会看到，有一位穿着红色毛衣的人正沿着海岸行走，周围还有一栋镶着蓝色百叶窗的房屋。明亮的色彩在风景中跳跃，不显突兀，反而很有凝聚力，因为这一切出现在同一片光线下，又通过阴影和维度联系在一起。配色被巧妙地统一起来——这就是我们在勾勒画布、处理层次关系之前，首先要考虑房间光线的原因。

如果空间中的自然光线不足，就要想办法补光。建议在选择新的色彩或做出改变之前，首先迈出这一步，因为光线会影响其他一切因素。暗沉的空间充满挑战性，因为在此使用的色彩，让人一眼望去会觉得更加黯淡。一般来说，每个房间都应该拥有不同层次的照明。照明方式可分为三类：环境照明（例如顶灯）、局部照明（例如台灯、壁炉上方的灯等）和重点照明（补充环境照明，突出房间中的艺术品或其他细节）。

大多数家庭都装有顶灯，可考虑是否还需要增加其他照明。如果你需要引入更多光源，可以在座位上方安装灯饰，这会让房间的氛围更为舒适。

有了光源之后，再考虑灯泡。如果你喜欢的色彩在自然光下十分美妙，但夜间的灯光会让它变暗，可以换个亮一点灯泡。如今市场上的选择很多。

提到为暗沉的房间选择涂料色彩时，著名设计师艾米莉·亨德森提出了很好的建议。人人都爱白墙，但是在光线黯淡的地方，白墙会看起来很脏。在这种情况下，我们最好选择中间色调或略显刻意的灰色，而不是由于光线不足会显得发灰的白色。亚光涂料能均匀地反射光线，而亮光涂料会产生眩光。

装饰提示：可增加反射光线的镜子。使用白色的阴影部分帮助房间反射光线。

别具匠心地陈列

你已经完成了所有的研究，从现在开始，利用你所拥有的物品进行小范围的实验吧！创造装饰图案是一种很好的方法，可以尝试在色彩中建立联系，书写色彩故事，营造出一片崭新的空间，或是刷新一下空间的观感体验。到目前为止，我们只在二维平面上欣赏色彩故事，但事实上更重要的是在三维立体空间里尝试配色方案。由于光线照射的方式不同，因此立体色彩与平面色彩大相径庭。在家中找一些你所爱色彩的物品，或者去购买一些符合你喜欢色彩的、小而便宜的物品吧。先把物品进行分组，例如，花瓶、相框或雕塑，看看你对此的喜爱程度。即使是细微的调整，也能改变空间氛围，给房间带来新鲜感。

循序渐进地布置

如果你对色彩的引入一窍不通，那么可以保留相对确定的部分，再考量房间的基调色，并把目光投向中性色。沙发是承载中性色的良好载体，因为沙发上面还会搭配其他色彩。地毯也是增添色彩的好地方，尽管它是房间里较大的单品。一定要在深思熟虑之后，再将色彩有层次、有条理地融入到家居配色方案中。

虽然有了设计草图、色环和色彩情绪板，但这并不意味着你要把色彩运用到所有的新家具中。首先，试着将色环上的色彩小范围地用于沙发，然后再尝试用于沙发饰品上，或者买一个新沙发。另一个技巧是：给房间拍一张照片，把它打印出来，然后在打算变换色彩的家具或墙壁上贴些彩纸。也可以从挂画中带来灵感的色彩开始，突出配色方案和特点，逐步深入，激励你一次次使用新的物品构筑家居空间。到目前为止，你所做工作的美妙之处在于：有计划在手，可以从容不迫、有条不紊地创造一个承载华丽又独特的色彩故事的空间，这个故事由你亲笔书写，斑斓绚丽但不逾矩出格。

流动统一

精炼你所爱的色彩，将有助于建立起房屋之间的联系。当我们把家居空间作为整体的色环来对待时，各个房间中的色彩就会产生相应的联系，有助于凝结空间的内聚力。请考虑一下两个房间之间，中性色和过渡色如何转换。举例来说，如果你家拥有开放式的客厅和厨房，就可以考虑在空间中使用相同的中性色和过渡色。你也可以选择相互协调但又彼此区分的配色方案，赋予它们不同的作用。比如把焦点放在厨房的蓝色上，并在客厅的配色中注入相同的蓝色质感。也许从一个房间看向另一个房间时，只能看到墙壁上的一点颜色。如果你愿意的话，可以考虑一下两种色彩的搭配。

记得把整个家想象成完整的景致，从大自然的色彩应用中汲取灵感，在空间色彩的转化方式上获得启发。如果你想用照片、图画或风景绘画来装饰房间，请把它们放在一起仔细观察，确保配色和谐统一。想想你所看到的每一层色彩。把墙壁想象成某处景致的"背景"，可以是一天中不同时间的天空或田野。家具可以是景致中的树木、建筑，或者其他的大块物体。仔细观察前景中的细节和微小元素。想想色彩是如何相互联系的，考虑使用同一种色彩的不同色调。

炫彩生活

你已经探索过、体验过、构思过、想象过。请把所有的想法都带回家。谨记，家居空间是一块更大的画布，它会发生变化。你已经具备了享受这一旅程所需的全部工具：先摆弄某处角落，然后是某个房间，最后变成整栋房屋。重新翻看本书，并把它作为你的设计参考指南吧。你的色彩故事会随着自身的成长而不断变化，它独一无二，你是它的唯一作者，请将这一点铭记于心。准备好用独有的色彩包裹自己，创造出属于自己的色彩世界，生活到神奇的斑斓景致中去。

最佳色彩提示

我希望，即使时间永远向前，你也会时常回眸，再次翻看这本书，并在着手不同的家居改造时，把它作为参考。在此，我整理了一些家居色彩搭配的技巧：

- 找出你所爱的色彩。回溯记忆，寻踪色彩。放慢脚步，休味细微之处。问问自己，这些色彩在色调、明度、彩度或某种特定色调的抛光润饰上，给你带来了怎样的别致感觉。

- 考虑你想要营造的空间氛围。想想看，你想在空间中获得什么样的感觉，以及让你拥有此种感觉的地方和环境。请谨记，色彩不需要太花哨。

- 构建起能表达对应情绪的配色方案。比例很重要！在构建配色方案时，不要忘记过渡色和中性色，它们是平衡的关键。

- 尽情勾勒！在纸上尝试多种配色方案。制作色彩情绪板，构思配色。

- 花点时间将整个空间可视化。这做起来可能有些困难，但如果花费些精力做到这一点，你可能会对得到的结果更为满意。它可以是一幅粗略的简笔画，一幅代表了房间配色和形状的拼贴画，一张色彩情绪板；或者只是一个集合，上面写着你打算使用的色彩、材料以及装饰花纹。

- 从小处着手。在装饰整个房间之前，将彩色物品排成一个图案。给自己一些时间，尽情享受快乐。

- 把房间想象成一幅风景画，从大自然的色彩中汲取应用灵感，在空间色彩的转化方式上获得启发。

灵感来源

播客

Radio Lab, episode on colors
www.radiolab.org/story/211119-colors

图书

The Secret Lives of Color
by Kassia St. Clair

Color Problems
by Emily Noyes Vanderpoel

The History of a Color
series by Michel Pastoureau

Color: A Natural History of the Palette
by Victoria Finlay

Colour: Travels Through the Paintbox
by Victoria Finlay

Interaction of Color
by Josef Albers

On Weaving
by Anni Albers

*Ode to Color: The Ten Essential
Palettes for Living and Design*
by Lori Weitzner

*A Colorful Home: Create Lively
Palettes for Every Room*
by Susan Hable

商店与设计师

Andrew Molleur
Brooklyn, NY
Ceramicist

Artist and Craftsman Supply
Brooklyn, NY
artistcraftsman.com
My favorite local art supply store

Balefire Glass
Portland, OR
Glass artist

Benjamin Moore
benjaminmoore.com
*They can custom match colors for you! We did this for
the peach wall in our Nolita store.*

Bird Brooklyn
Brooklyn, NY, and Los Angeles, CA
birdbrooklyn.com
An inspiring clothing store

Case for Making
San Francisco, CA
www.caseformaking.com
Handmade watercolor paints and workshops

Farrow and Ball
us.farrow-ball.com
*Beautiful paint colors make it easier to end up with a
color you¯re happy with.*

Heather Taylor Home
Los Angeles, CA
Table linens

Hesperios
New York, NY

Knitwear and more. Their NYC shop is full of beautiful colors.

James Showroom
Austin and Dallas, TX
jamesshowroom.com
A home textile and wallpaper showroom

John Derian
New York, NY
Vintage-inspired decoupage and more

Leigh Forstram
Brooklyn, NY
Ceramicist

Lion Brand Yarn
New York, NY
www.lionbrand.com
Yarns for knitting and more

M&J Trimming
New York, NY
www.mjtrim.com
Trims, ribbons, and much more

Mociun Home
Brooklyn, NY
A favorite home décor shop

Mood Fabrics
New York, NY
www.moodfabrics.com
Fabrics for all sorts of projects

Nicky Rising
Los Angeles, CA
nickyrising.com
A home textile and wallpaper showroom

Oroboro
New York, NY

oroborostore.com
A cool concept store in NYC

Paul+
Atlanta, GA
paulplusatlanta.com
A home textile and wallpaper showroom

Pigment
Tokyo, Japan
pigment.tokyo
Amazing art supply store filled with pigments

Printed Matter
New York, NY
www.printedmatter.org
Art books and inspiration

Rebecca Atwood
New York, NY
Rebeccaatwood.com
Pillows, bedding, fabric, wallpaper, and more

St. Frank
Various locations in California and New York
stfrank.com
Home goods made by artisans around the world

Studio Four
New York, NY
studiofournyc.com
A home textile and wallpaper showroom

Warm
New York, NY
warmny.myshopify.com
A colorful shop for the urban hippie

Workaday Handmade
Brooklyn, NY
Ceramicist

致谢

感谢所有为我们开放空间的房主和设计师，让我可以与你们共同分享这些优秀的案例。以下精彩的家居空间和色彩故事让本书灵动起来。

艾米莉·巴特勒
纽约州，皇后区
Emilycbutler.com

露西·哈里斯
纽约州，纽约
lucyharrisstudio.com

沙南·坎帕纳罗
纽约州，布鲁克林
Eskayel.com

DB 工作室
纽约州，纽约
studiodb.com

莫里·威克利
纽约州，布鲁克林
Shopthemansion.com

格兰特·威廉·芬宁
加利福尼亚州，洛杉矶
lawsonfenning.com

凯拉·阿尔珀特
加利福尼亚州，洛杉矶

夏洛特·哈尔贝格
纽约州，布鲁克林
Charlottehallberg.com

凯特·坦普尔·雷诺兹
纽约州，布鲁克林
Studiofour.com

安东尼·吉安纳科斯
纽约州，纽约
Anthonygeorgehome.com

霍普·斯托克曼
加利福尼亚州，洛杉矶
Blockshoptextiles.com

珍·曼金斯
纽约州，布鲁克林
Birdbrooklyn.com